1. a) Setze ein < (kleiner als), = (gleich) oder > (größer als).

(1) 20 000 _____ dreizehntausend   (2) 6,5 _____ 5,69   (3) $\frac{4}{5}$ _____ $\frac{8}{100}$ (4) 0,02 _____ 20 %

500 000 _____ 0,5 Millionen $4\frac{1}{3}$ _____ 4,3 $\frac{3}{4}$ _____ 0,75 $\frac{1}{2}$ _____ 50 %

b) Auf welche Zahl zeigt der Pfeil? Schreibe die Zahl dazu.

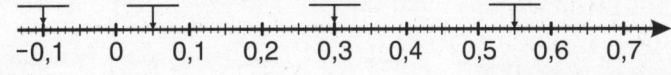

c) Trage die Zahlen auf der Zahlengeraden ein:
0,25 $\frac{2}{5}$ $\frac{1}{10}$ −0,05

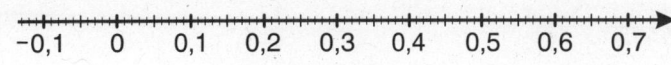

2. Von der Fläche des Quadrats bzw. des Kreises ist ein Teil grau.
a) Welcher Anteil ist grau?

Quadrat: Bruch: _____ = _____ %   Kreis: Bruch: _____ = _____ %
b) Färbe die Hälfte des nicht-grauen Teils rot.
c) Bestimme den Anteil an der Gesamtfläche, der dann rot gefärbt ist.

Quadrat: Bruch: _____ = _____ %   Kreis: Bruch: _____ = _____ %

3. Bestimme das Ergebnis durch Kopfrechnen, Zwischenschritte gegebenenfalls auf einem Blatt.

a)   17 + 4 = _____   b)   21 − 6 = _____   c)   7 · 8 = _____   d)   63 : 9 = _____   e) 1,5 + $\frac{1}{2}$ = _____

170 + 40 = _____   210 − 60 = _____   70 · 8 = _____   6300 : 9 = _____   0,7 − $\frac{1}{2}$ = _____

173 + 47 = _____   215 − 64 = _____   700 · 82 = _____   6318 : 9 = _____   2,4 · $\frac{1}{2}$ = _____

4. Schreibe als Dezimalbruch.   a) $\frac{8}{10}$ = _____   b) $\frac{5}{100}$ = _____   c) $\frac{4}{1000}$ = _____   d) $\frac{23}{1000}$ = _____

5. Schreibe als Bruch.   a) 0,3 = _____   b) 0,31 = _____   c) 0,03 = _____   d) 0,031 = _____

6. Bestimme das Ergebnis als Dezimalbruch durch Kopfrechnen. Notiere Zwischenschritte.

a) 2,6 + $\frac{1}{4}$ = _____   2,6 − $\frac{1}{4}$ = _____

b) 0,6 + $\frac{1}{2}$ = _____   0,6 − $\frac{1}{2}$ = _____

c) 4,8 · $\frac{1}{10}$ = _____   0,48 : $\frac{1}{10}$ = _____

d) 25 · $\frac{1}{100}$ = _____   0,025 : $\frac{1}{100}$ = _____

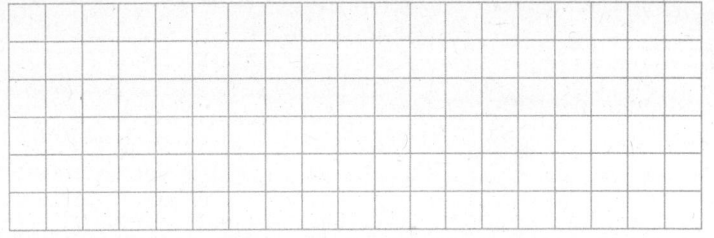

7. Rechne ohne Taschenrechner.

a)		1	3	5 ,	2	6	b)		1	3	6	8 ,	2	5	c)		4	0	5 ,	4	8	d)		1	0	8	3	4 ,	5	5
	+		7	2 ,	6	3		+			6	2	2 ,	6	5		−	1	1	5 ,	1	1		−				7	8	0 ,	4	5

8. a) Bestimme die Summe der vier Zahlen
1037; 103,7; 10,37 und 1,037.

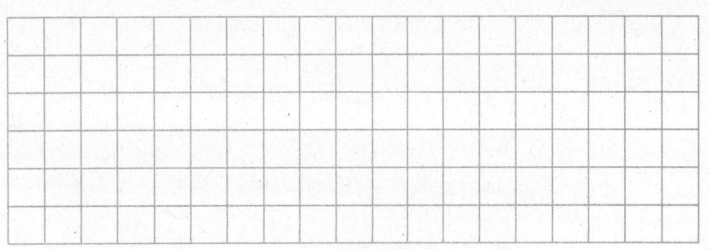

Summe: _____
⎿17⏌

b) Berechne die Differenz.

12 000 − 1 250 = _____
⎿13⏌

1. Vergleiche die Größenangaben. Setze ein < (kleiner als), = (gleich) oder > (größer als).

a) Längen: 120 cm ____ 12 m   79 mm ____ 7 cm   580 m ____ 5,8 km $\frac{1}{2}$ km ____ 500 m

b) Flächen: 100 cm² ____ 1 m²   20 cm² ____ 200 mm²   100 m² ____ 1 a $\frac{1}{4}$ m² ____ 250 cm²

c) Volumen: 100 cm³ ____ 1 m³   10 ℓ ____ 1 000 ml   1 000 dm³ ____ 1 m³ $\frac{1}{2}$ m³ ____ 500 ℓ

d) Massen: 250 g ____ 0,5 kg   8 kg ____ 80 g   750 kg ____ 7,5 t $\frac{1}{4}$ g ____ 300 mg

e) Dauer: 100 min ____ 1 h   50 h ____ 2 Tage   100 s ____ 1,5 min $\frac{1}{2}$ Jahr ____ 500 Tage

2. Suche die passenden Angaben im rechten Feld. Schreibe sie auf, beginne mit der kleinsten.

a) Längen: _____ < _____ < _____

b) Flächen: _____ < _____ < _____

c) Volumen: _____ < _____ < _____

d) Massen: _____ < _____ < _____

e) Dauer: _____ < _____ < _____

> 4 kg   1,2 m   600 ℓ   80 s
>
> 0,2 m²   1 min   3 t   100 ml
>
> 100 mm   50 min
>
> 160 cm² $\frac{1}{2}$ h   20 cm
>
> 2 h   1 m³   1500 g   20 cm²
>
> 1 m   132 cm   750 g   1 km

3. Ergänze die Texte mit einer Größenangabe aus dem rechten Feld.

a) Eine erwachsene Frau wiegt _____

b) Eine Türe im Wohnzimmer ist _____ hoch.

c) Ein Kinofilm hat eine Spielzeit von _____

d) Eine 1-Euro-Münze hat eine Dicke von _____

e) In einen Putzeimer passen _____ Wasser

f) Ein Fußballplatz hat eine Spielfläche von _____

g) Das Alter des Weltalls ist ca. _____

> 300 min   3 h   100 min
>
> 1 Mrd. Tage   10 000 Jahre   14 Mrd. Jahre
>
> 0,2 t   65 kg   6000 g
>
> 1500 mm   200 cm³   205 cm   210 cm²
>
> 200 m²   1000 m²   5 a   1 ha
>
> 2 ℓ   50 dm³   8 ℓ   1000 cm³
>
> 0,05 cm   1 cm   2 mm   0,5 mm

4. Das Bild zeigt die Tankanzeige für einen Pkw mit einem 60-Liter-Tank

a) Ist der Tank noch mehr als halb voll? _____
b) Wie viel Liter sind noch im Tank?
Runde auf ganze Liter.

5. a) Welche Temperatur zeigt das Thermometer?

_____

b) Vor 24 Stunden war die Temperatur noch um 14 °C höher. Da zeigte das Therometer

_____ an.

6. a) Frau Wand fährt mit dem Zug morgens zur Arbeit.

Welche Uhrzeit zeigt die Bahnhofsuhr? _____

b) Nach der Arbeit fährt Frau Wand wieder mit dem Zug zurück.
Ihre Digitaluhr zeigt 16:25 Uhr. Berechne den Zeitunterschied.

_____

1. Gib die Rundungsstelle (E, Z, H, T, ZT, HT, Mio.) sowie die Mindest- und Höchstzahl an.

a) 52 000 Personen im Stadion: gerundet auf _____; mindestens _____ , höchstens _____ .

b) 2 300 Besucher im Theater: gerundet auf _____; mindestens _____ , höchstens _____ .

c) 8,4 Mio. Zuschauer bei TV-Schau: gerundet auf _____; mindestens _____ , höchstens _____ .

2. Runde so, wie du es für sinnvoll hältst. Gib die Rundungsstelle an.

a) 26 491 Personen waren im Stadion, das sind gerundet auf _____ ca. _____ .

b) 12 510 458 gemeldete Einwohner einer Stadt, das sind gerundet auf _____ ca. _____ .

3. Rechne aus. Runde das Ergebnis wie verlangt.

a) Runde auf Cent: 28,50 € : 7 ≈ _____ €   20,– € : 3 ≈ _____ €   9,99 € : 5 ≈ _____ €

b) Runde auf Zentimeter: 15,7 cm : 3 ≈ _____ cm   1,46 m : 5 ≈ _____ cm   10 m : 6 ≈ _____ m

c) Runde auf Gramm: 514 g : 4 ≈ _____ g   2,5 kg : 6 ≈ _____ g   5 kg : 6 ≈ _____ kg

4. Finde das richtige Ergebnis ohne Taschenrechner durch einen Überschlag heraus.

a) 9,98 · 720 = _____   (1) 718 560   (2) 71 856   (3) 7 185,6   (4) 718,56

b) 19,85 · 301,4 = _____   (1) 598,279   (2) 598,180   (3) 5 982,79   (4) 59 818

c) 81 000 : 120 = _____   (1) 65,7   (2) 6,75   (3) 675   (4) 6 570

5. Von 450 Schülerinnen und Schülern einer Schule erkrankten 91 an Grippe. Welcher Anteil war das etwa?

(1) ein Zehntel   (2) ein Achtel   (3) ein Fünftel   (4) ein Viertel _____

6. Ein Auto fährt mit gleichbleibender Geschwindigkeit. Seine Reifen drehen sich 1 200-mal pro Minute. Bei einer Radumdrehung fährt das Auto 1,95 m.
a) Berechne die Zahl der Reifenumdrehungen in einer Stunde. _____
b) Entscheide mit einer Überschlagsrechnung,
   ob das Auto schneller als 120 km pro Stunde fährt. _____

9

7. a) 1 000 000 = 1 000 · _____ = 100 · _____   b) 1 Mrd. = _____ · 1 Mio. = _____ · 1 000

8. Mit einer Überschlagsrechnung kannst du häufig kontrollieren, ob du bei der Nutzung des Taschenrechners einen Fehler gemacht hast. Welche Taschenrechner-Ergebnisse sind mit Sicherheit falsch?

	Aufgabe	Überschlagsrechnung		Taschenrechner-Ergebnis	sicher falsch
(1)	12 599 + 6 374	+	=	18 973	
(2)	358,25 − 298,25	−	=	160	
(3)	537 · 69	·	=	3 753	
(4)	10,15 · 2 835,5	·	=	2 878,0325	
(5)	1 024 : 128	:	=	8	
(6)	39,69 : 40,5	:	=	0,098	

1. Berechne den Preis für Schnitzel.

a) für $\frac{1}{2}$ kg: _____

b) für 100 g: _____

c) für 250 g: _____

Angebot

Schnitzel
1 kg
nur
8,80 €

2. Wie viel Gramm Schnitzel erhält man im Angebot?

a) für 2,20 €: _____

b) für 3,30 €: _____

c) für 11,00 € _____

3. Berechne die Hälfte der Größe. Gib das Ergebnis in der angegebenen Maßeinheit an.

a) $\frac{1}{2}$ · 2,8 kg = _____ kg

b) $\frac{1}{2}$ · 1,3 kg = _____ g

c) $\frac{1}{2}$ · 1,5 t = _____ kg

d) $\frac{1}{2}$ · 18 m = _____ m

e) $\frac{1}{2}$ · 1,4 m = _____ cm

f) $\frac{1}{2}$ · 0,5 km = _____ m

4. Das kannst du sicher auch im Kopf berechnen.

a) 7 min + 58 min = ____ min = ____ h ____ min

b) 55 min + 75 min = ____ min = ____ h ____ min

c) 130 min – 50 min = ____ min = ____ h ____ min

d) 200 min – 70 min = ____ min = ____ h ____ min

5. a) 6 · 40 cm = _____ cm = _____ m

b) 50 · 20 cm = _____ cm = _____ m

c) 4 · 15 mm = _____ mm = _____ cm

d) 80 · 1,5 mm = _____ mm = _____ cm

6. a) 2,8 kg : 4 = _____ kg = _____ g

b) 3,6 kg : 9 = _____ kg = _____ g

c) 0,8 t : 10 = _____ t = _____ kg

d) 6,4 t : 8 = _____ t = _____ kg

7. Berechne den Gesamtpreis für den Einkauf.

a) 2 kg Äpfel, 1 kg Birnen und 2 Kiwis _____ 19

b) $\frac{1}{2}$ kg Äpfel und 2 kg Birnen _____ 12

c) $2\frac{1}{2}$ kg Äpfel, 3 kg Birnen und 4 Kiwis _____ 22

d) 1,5 kg Äpfel, 500 g Birnen und 3 Kiwis _____ 19

Sonderangebot

Äpfel 1 kg nur 1,90 €

Birnen 1 kg nur 0,98 €

Kiwis pro Stück 0,45 €

8. In einem Obstlager werden Äpfel in Kisten gefüllt.
In jede Kiste passen 15 kg.
a) Berechne die Anzahl der Kisten für insgesamt

300 kg. _____
b) Wie viele Kisten braucht man für 500 kg?

_____ 7

Ist jede Kiste dann voll? _____
c) Im Lager wurden von 1 t Äpfel schon 60 Kisten
gefüllt. Berechne, wie viel Kilogramm Äpfel noch

nicht in Kisten gefüllt wurden. _____

9. Dieses Arbeitsheft, mit dem du arbeitest, hat das Format DIN A4.

a) Miss die Breite des Heftes: _____

b) Miss die Höhe des Heftes: _____

c) Bestimme, wie viele Heftseiten zusammen einen Flächeninhalt von 1 m² haben. _____

1. Auf einem Schulfest sponserte die Firma IMO das Schulprojekt ANDO. Für jeden gelaufenen Kilometer spendete IMO 1,50 €.

a) Die Schülerinnen und Schüler der Klassen 9 und 10 sorgten für einen Sponsorenbetrag von 1 260 €.

Berechne die gelaufenen Kilometer: _____

☐12

b) Für ANDO liefen aus den Klassen 5 bis 8 insgesamt 60 Schülerinnen und Schüler jeweils 2 km, 42 liefen jeweils 4 km und 15 jeweils 10 km.

Dafür sponserte IMO das Projekt ANDO mit insgesamt _____ €.

☐18

2. Lies den Text und trage die gegebenen Werte in die Tabelle ein. Berechne die gesuchten Werte und ergänze den Aufgabentext.
Für 300 g Käse zahlt Herr Adler 6,30 €.

Käse (g)			Preis (€)	

a) Der Preis für die Käsesorte beträgt _____ € für 100 g.

b) Für 150 g zahlt man _____ €,

für 600 g _____ € und für 900 g _____ €.

c) Preise für 57 g: _____ €, für 237 g: _____ €,

für 105 g: _____ €, für 769 g: _____ €.

3. Im Januar 2012 zahlte Frau Wieland 30,00 € für 18,76 Liter Benzin.

a) Berechne die Menge Benzin

für 15 €: _____ und für 10 €: _____

b) Welcher Benzinpreis pro Liter war an der Tanksäule angegeben? Kreuze den richtigen Wert an.

1,439 ☐   1,499 ☐   1,599 ☐   1,619 ☐

c) Berechne mit 1,499 € für 1 Liter Diesel die fehlenden Werte in der folgenden Tabelle.

Diesel (ℓ)	25,74	42,31		
Preis (€)			53,78	33,07

4. Mit seinem Fahrrad ist Mehmed 9 km in einer halben Stunde gefahren.

Strecke			Zeit (min)	
3 km				
6 km				
9 km				
12 km				

a) Berechne die durchschnittliche Geschwindigkeit: _____ $\frac{km}{h}$.

b) Bestimme die Fahrzeit:

3 km: _____ min, 6 km: _____ min, 12 km: _____ min

c) Bestimme die Strecke für

45 min: _____ km, $1\frac{1}{2}$ Stunden: _____ km

1. Die Zuordnung ist proportional. Ergänze den Text und die Tabellen.

a) Es gilt: Je mehr/größer desto _____ und es gilt: Zum Doppelten gehört _____

b)

(1)
Anzahl	Menge (g)
5	30
1	
6	

(2)
Anzahl	Menge (g)
4	120
1	
3	

(3)
Anzahl	Preis (€)
60	180
	90
	270

(4)
Anzahl	Preis (€)
40	
25	12,50
	50,00

2. Die Zuordnung ist antiproportional. Ergänze den Text und die Tabellen.

a) Es gilt: Je mehr/größer desto _____ und es gilt: Zum Doppelten gehört _____

b)

(1)
Anzahl	Dauer (h)
5	30
1	
6	

(2)
Anzahl	Dauer (h)
4	120
1	
3	

(3)
$v\left(\frac{km}{h}\right)$	t (h)
20	3
5	
25	

(4)
s (km)	$v\left(\frac{km}{h}\right)$
	10
100	50
80	

3. Welche Art von Zuordnung ist es, (P) proportional, (AP) antiproportional oder (K) keines von beiden? Schreibe zu den (P)- und (AP)-Texten einen Antwortsatz.

a) Für 30 Arbeitsstunden im April erhält Alex 240,00 €. Im Mai arbeitete er 25 Stunden.

_____

b) Zu einer Rechtecklänge von 20 cm gehört eine Breite von 15 cm. Wie breit ist ein 30 cm langes Rechteck

mit gleichem Flächeninhalt? _____

c) Ein erwachsener Mann mit einer Körpergröße von 170 cm wiegt 75 kg. Wie schwer ist ein 210 cm großer

Erwachsener? _____

d) Ein Zug braucht für eine 200 km lange Fahrt durch die Alpen $3\frac{1}{2}$ Stunden. Wie lange dauert die Fahrt mit

diesem Zug über 800 km durch Deutschland? _____

e) In einer 500-Gramm-Packung sind 40 Kekse zu je 12,5 g. Wie viele Kekse mit je 20 g wiegen genau so

viel? _____

f) In der ersten Halbzeit eines Fußballspiels war die „reine Spielzeit" 39 Minuten. Wie lang war die „reine

Spielzeit" nach 90 Minuten? _____

4. Die 38 Mitglieder eines Vereins planen einen Ausflug mit Kleinbussen. In jeden Kleinbus passen zusätzlich zum Fahrer 7 weitere Personen.

a) Begründe mit einer Rechnung, warum 6 Kleinbusse nötig sind. Berechne auch, wie viele Plätze leer bleiben.

Rechnung: _____

So viele Plätze bleiben leer: _____

b) Der Fahrpreis für jeden Kleinbus beträgt 190,00 €. Berechne den Preis, den jedes der 38 Vereinsmitglieder

zahlt. Preis pro Vereinsmitglied: _____ €
3

5. Für eine Klassenfahrt wird eine Zugfahrt mit einer Gruppenkarte für 20 bis 25 Personen geplant. Bei 25 Teilnehmerinnen und Teilnehmern muss jede/jeder 15,00 € für die Zugfahrt zahlen. Berechne

a) die Gesamtkosten _____ €

15

b) die Kosten pro Person bei 20 Teilnehmern _____ €.

21

1. Welcher Bruchteil ist es? Wie viel Prozent sind es?

a) 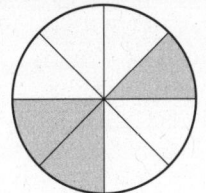 b) 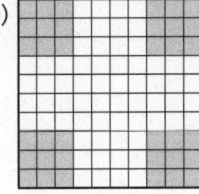 c) 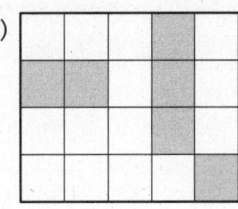 d)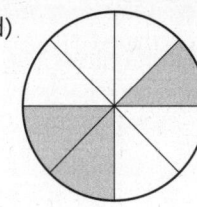

Gefärbt: _____ = _____ %   _____ = _____ %   _____ = _____ %   _____ = _____ %

Weiß: _____ = _____ %   _____ = _____ %   _____ = _____ %   _____ = _____ %

2. a) Schraffiere von der Gesamtfläche des rechten Streifens 30 % so //// und 45 % so lllll.

b) Der nicht schraffierte Anteil beträgt _____ %

3. a) Berechne 25 % von 1,6 t. Ergebnis: _____ t = _____ kg

b) Von 80 Mitgliedern eines Vereins spielen 16 Tischtennis. Das sind _____ %

c) Ein Brot enthält 20 % Roggenmehl, das sind 80 g. Wie schwer ist das Brot? _____ g

4. Eine Maschine füllt täglich 50 000 Flaschen mit Mineralwasser. Nur 0,2 % aller Flaschen werden fehlerhaft

gefüllt. Das sind _____

5. In einer Fabrik wurden im Oktober täglich 15 t Obst verpackt. Davon wurden 60 % am gleichen Tag zu Obstgeschäften gefahren, der Rest wurde bis November im Kühlhaus gelagert.

a) Wie viel Tonnen wurden im Oktober (31 Tage) zu Geschäften gefahren? _____

b) Wie viel Tonnen Obst wurden im Oktober eingelagert? _____

6. Preisänderungen werden häufig in Prozent angegeben. Ergänze die Texte.

a) Erhöhung von 250 € um 15 % ist ein Anstieg auf 115 % von 250 €, d. h. auf 1,15 · 250 € = _____ €

b) Erhöhung von 170 € um 19 % ist ein Anstieg auf 119 % von 170 €, d. h. auf 1,19 · 170 € = _____ €

c) Erhöhung von 975 € um 19 % ist ein Anstieg auf ____ % von _____ €, d. h. auf _____ = _____ €

7. Bei Sonderaktionen gibt es im Einzelhandel häufig Rabatt auf den alten Preis. Ergänze die Tabelle. Runde, wenn nötig, die Prozentangaben ganzzahlig.

	a)	b)	c)	d)
Alter Preis (€)	99,00	18,99 €	119,00	259,00
Rabatt (€)	15 % von 99 = ____	8 % von 18,99 = ____	____ % von 119 = ____	____ % von 259 = ____
Neuer Preis (€)			99,00	199,00

8. Vom Bruttolohn bleibt nach Abzügen (von Steuern, Versicherungen, …) als Nettolohn häufig weniger als 75 % übrig. Ergänze die Tabelle. Runde wenn nötig die Prozentangaben ganzzahlig.

	a)	b)	c)	d)
Bruttolohn (€)	985,00	1 150,00	1 870,00	8
Abzüge (€)	190,00	12	14	525,00
% vom Brutto	% 10	30 %	% 11	% 7
Nettolohn (€)	21	13	1 325,00	1 580,00

1. Berechne im Kopf die Zinsen für ein Jahr.

a) Kapital 150 € und (1) Zinssatz 1 %, Zinsen _____   (2) Zinssatz 3 %, Zinsen _____

b) Kapital 420 € und (1) Zinssatz 1 %, Zinsen _____   (2) Zinssatz 4 %, Zinsen _____

c) Kapital 730 € und (1) Zinssatz 1 %, Zinsen _____   (2) Zinssatz 5 %, Zinsen _____

2. Wie viel Jahreszinsen bekommt Herr Meder? Wer bekommt weniger, wer mehr Zinsen?

Herr Meder erhält 2,5 % Zinsen für seine 5000 € Spareinlagen. Jahreszinsen: _____

Frau Neuhaus erhält 5% Sonderzinssatz für 2500 €. Mehr oder weniger als Herr Meder? _____

Frau Olcher bekommt 3 % Zinsen für 4000 €. _____

Herr Pracht bekommt 4 % Zinsen für 3000 €. _____

3. Berechne die Jahreszinsen. Benutze die Formel $Z = K \cdot \frac{p}{100}$.

Kapital	245,00 €	578,00 €	589,50 €	1250,00 €	605,60 €	1245,50 €
Zinssatz	3%	3%	4%	4%	3,5%	3,5%
Jahreszinsen						

4. Der Schulden-Zinssatz für einen Kredit ist höher als der Haben-Zinssatz für Spareinlagen. Berechne den Unterschied der Jahreszinsen für ein geliehenes bzw. gespartes Kapital von 850 €.

a) Haben-Zinssatz 1,5 % und Schulden-Zinssatz 8 %. Unterschied: _____ [17]

b) Haben-Zinssatz 0,75 % und Schulden-Zinssatz 7,5 %. Unterschied: _____ [23]

c) Haben-Zinssatz 1,25 % und Schulden-Zinssatz 8,5 %. Unterschied: _____ [16]

5. Für einen Bruchteil eines Jahres erhältst du auch nur denselben Bruchteil der Jahreszinsen. Rechne im Kopf.

a) Kapital 400 € und (1) 1 %, Zinsen für $\frac{1}{2}$ Jahr _____   (2) 3 % Zinsen für $\frac{1}{2}$ Jahr _____

b) Kapital 820 € und (1) 1 %, Zinsen für $\frac{1}{2}$ Jahr _____   (2) 4 % Zinsen für $\frac{1}{2}$ Jahr _____

c) Kapital 900 € und (1) 1 %, Zinsen für 4 Monate _____   (2) 5 % Zinsen für 4 Monate _____

d) Kapital 600 € und (1) 1 %, Zinsen für 3 Monate _____   (2) 6 % Zinsen für 3 Monate _____

6. a) 7,6 % für 5000 € Kredit, $\frac{1}{2}$ Jahr. Schuldzinsen: _____

b) 7,6 % für 4500 € über 6 Monate. Schuldzinsen: _____

c) 3,8 % (Sonderkondition) für 5000 €, 1 Jahr. Schuldzinsen: _____

d) 7,6 % für 15000 € über 4 Monate. Schuldzinsen: _____

7. Berechne die Zinsen. Benutze die Zinsformel $Z = K \cdot \frac{p}{100} \cdot \frac{t}{360}$.

Kapital (K)	2450 €	570 €	1089,50 €	12500 €	60560 €	1245,50 €
Zinssatz (p %)	3 %	3 %	4 %	8 %	8,5 %	19 %
Anzahl Tage (t)	100	330	170	210	75	14
Zinsen (Z)	[8]	[20]	[15]	[22]	[16]	[11]

1. Beachte: Maßstab = Bildlänge : wirkliche Länge.
Ergänze die fehlenden Werte in der Tabelle.

	a) Stadtplan	b) Wanderkarte	c) D-Karte	d) EU-Karte	e) Welt-Karte
Bildlänge	10 cm	5 cm		10 cm	10 cm
Wirkliche L.	km		100 km	500 km	5 000 km
Maßstab	1 : 20 000	1 : 25 000	1 : 500 000	1 :	1 :

2. Der Kartenausschnitt hat den Maßstab 1 : 4 500 000.
Bestimme die Luftlinien-Entfernung. Runde auf 10 km genau.

a) Berlin – München: _____

b) Berlin – Prag: _____

c) Prag – München: _____

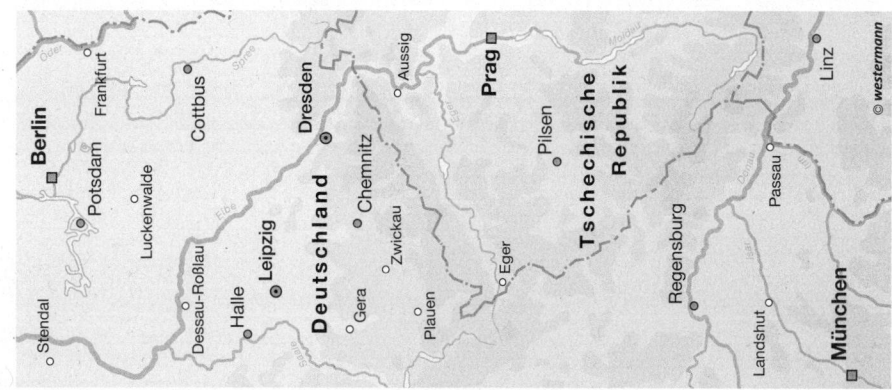

3. Die Skizze ist nicht maßstabsgerecht.
Zeichne im rechten Feld die Figur im
Maßstab 1 : 100.

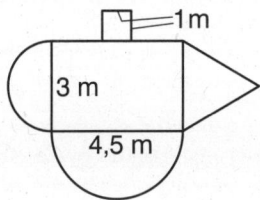

4. a) Für fünf Hefte wurden mm-genau Höhe und Breite gemessen.
Berechne die Verhältnisse Höhe : Breite. Runde auf Zehntel.

	Höhe h	Breite b	h : b
Arbeitsheft	29,6 cm	21,0 cm	
A5-Format	21,0 cm	14,8 cm	
A6-Format	14,8 cm	10,5 cm	
A3-Format	41,9 cm	29,6 cm	
A2-Format	59,2 cm	41,9 cm	

b) Plakate im A0- bzw. im A1-Format haben das gleiche
Seitenverhältnis 1,41 : 1 wie dieses Arbeitsheft. Berechne die Höhen.

A1-Format: Höhe _____ cm   Breite 59,2 cm

A0-Format: Höhe _____ cm   Breite 83,5 cm

1. Das Diagramm gibt Auskunft über das Medienverhalten von Jugendlichen. Kreuze die Aussagen an, die mit der Darstellung im Diagramm übereinstimmen.

Medienbeschäftigung in der Freizeit 2011
täglich / mehrmals pro Woche (n = 1205)

Kino 1 / 1
Fotografie 24 / 38
Bücher 35 / 54
Zeitung 46 / 38
Radio 75 / 82
Fernsehen 88 / 91
Internet 89 / 90
Handy 87 / 95

■ Jungen
□ Mädchen

0 20 40 60 80 100 %

☐ Mehr als die Hälfte aller Jugendlichen hört mehrmals pro Woche Radio.

☐ Über die Hälfte aller befragten Jungen fotografieren regelmäßig oder lesen Bücher.

☐ Es lesen mehr Mädchen regelmäßig Zeitung als Jungen.

☐ Über 900 Befragte insgesamt gaben an, mehr als einmal pro Woche Radio zu hören.

☐ Insgesamt nahmen mehr Mädchen als Jungen an der Befragung teil.

b) In einer Zeitung steht geschrieben: „Kino out – Nur noch ein Prozent aller Jugendlichen geht ins Kino." Was meinst du dazu?

Antwort: _____

c) Unter den Befragten befanden sich 615 Jungen. Wie viele der Befragten sehen regelmäßig fern?

Antwort: _____

(Kreis mit ×)

d) Erstelle ein Kreisdiagramm mit den Anteilen für „männliche Handynutzer", „weibliche Handynutzer", „seltene oder keine Handynutzung".

2. Um herauszufinden, wie ihre Klassenkameraden die Freizeit am liebsten verbringen, hat Amélie eine Umfrage gestartet und eine Tabelle erstellt. Leider sind einige Angaben verloren gegangen.

a) Vervollständige die obere Tabelle, berechne die relativen Häufigkeiten und trage sie in die untere Tabelle ein.

b) Nimm an, dass Amélies Klasse repräsentativ für ihre Schule steht, in der 203 Schüler den Computer als Hauptfreizeitbeschäftigung angeben. Wie viele Schüler gehen dann in etwa auf Amélies Schule?

Antwort: _____

Absolute Häufigkeiten	Mädchen	Jungen	gesamt
Sport	5		13
Freunde treffen		4	
Computer		5	7
gesamt			31

c) Berechne die Wahrscheinlichkeit, dass eine zufällig ausgewählte Person aus Amélies Klasse ein Mädchen ist, das gern Freunde trifft.

Antwort: _____

relative Häufigkeiten	Mädchen	Jungen	gesamt
Sport			
Freunde treffen			
Computer			
gesamt			

d) Berechne die Wahrscheinlichkeit, dass eine zufällig ausgewählte Person aus Amélies Klasse ein Junge ist, der *nicht* Sport als Lieblingshobby angegeben hat.

Antwort: _____

3. Der Würfel ist nur mit den Zahlen 1, 2 und 3 beschriftet. Bestimme die fehlende Wahrscheinlichkeit p (3) und beschrifte dann das Würfelnetz mit den Zahlen 1, 2 und 3, so dass die geforderten Wahrscheinlichkeiten gelten.

a) $p(1) = \frac{1}{6}$; $p(2) = \frac{1}{3}$

p (3) = _____

b) $p(1) = 50\,\%$; $p(2) = \frac{1}{2}$

p (3) = _____

1. Rechne geschickt ohne Taschenrechner.

a) 15 + 25 − 15 − 10 = _____   b) 137 + 66 − 37 − 16 = _____

c) 7 · 25 + 3 · 25 = _____   d) 12 · 3,50 − 2 · 3,50 = _____

e) 1,10 · 7 + 0,90 · 7 = _____   f) 5,3 · 14 − 5,3 · 14 = _____

2. Berechne das Ergebnis im Kopf. Notiere ein Zwischenergebnis, wenn nötig.

a) 2 · 1,9 · 50 = _____   b) 4 · 3,8 · 25 = _____   c) 5 · 6,8 · 20 = _____

20 · 19 · 50 = _____   40 · 38 · 25 = _____   5 · 68 · 200 = _____

d) (25 + 15) : 5 = _____   e) (80 − 16) : 8 = _____   f) (77 − 37) : 8 = _____

(250 + 150) : 5 = _____   (800 − 16) : 8 = _____   (770 − 370) : 8 = _____

3. Das kannst du alles im Kopf berechnen.

Zahl	x	25	460	12,4	0,246	3,14
das Doppelte						
die Hälfte						
zehn Prozent						

4. Schreibe die passenden Formeln auf.

a) für einen Quader: V = _____   O = _____

b) für einen Würfel: V = _____   O = _____

5. Schreibe eine Formel auf für die Summe k aller Kantenlängen.

Quader: k = _____   Würfel: k = _____

> Terme mit denen du Quader berechnen kannst:
>
> 2 · ab + 2 · ac + 2 · bc
>
> 4 · a + 4 · b + 4 · c
>
> abc

6. Berechne die gesuchten Werte mit einer passenden Formel.

a) V = _____   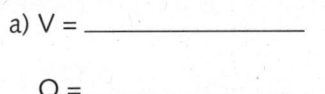 3,5 m   b) V = _____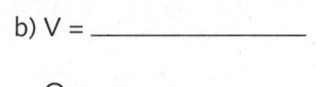

O = _____   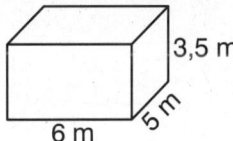 5 m   O = _____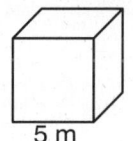

6 m

Summe der Kanten   Summe der Kanten   5 m

k = _____   k = _____

7. a) Das Volumen eines Quaders ist 180 cm³. Er ist 9 cm lang und 5 cm breit. Wie hoch ist er? _____

b) Ein Würfel hat ein Volumen von 125 m³. Berechne seine Kantenlänge a = _____.

c) Ein Würfel hat eine Oberfläche von 300 cm². Berechne seine Kantenlänge. Runde auf mm. a = _____

8. Begründe, ob die angegebene Zahl Lösung der Gleichung ist.

a) 3x − 20 = 2x + 10; Zahl x = 30 _____

b) 6x − 10 = 52 + 4x; Zahl x = 30 _____

9. Löse die Gleichung.   a) 10x + 7 = 77   x = _____   b) 5x − 6 = 34   x =

_____

1. Für eine Taxifahrt in Königshausen zahlt der Fahr-
   gast 4 € unabhängig von der Fahrstrecke und
   1,50 € pro km.
   a) Ergänze die Zeilen 2 bis 4 der Tabelle.
   b) Ergänze im Koordinatensystem die Punkte für
      die Tabellenzeilen 2 bis 4.
   c) Ergänze die Gleichung für den Preis y in €, den
      man für x km Taxifahrt zahlt.

   y = _____ · x + _____

	x (km)	y (€)
1	5	11,50
2	10	
3	15	
4		34,00
5	25	41,50

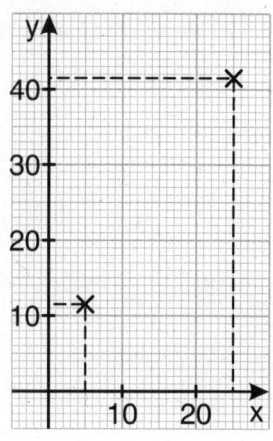

2. Gegeben ist die Gleichung $\frac{1}{2}y + 1 = 2x + 7$.
   a) Welcher Text passt zur Gleichung, (1) oder (2)?

      (1) Die Hälfte von x vermehrt um 1 ist gleich dem Doppelten von y vermehrt um 7. ☐

      (2) Die Hälfte von y vermehrt um 1 ist gleich dem Doppelten von x vermehrt um 7. ☐

   b) Entscheide ob zu x = 10 der zugehörige y-Wert 27 oder 26 oder 52 oder 53 ist.

      y = _____, weil _____

   c) Löse die Gleichung auf nach y. _____   y = _____

   d) Löse die Gleichung auf nach x. _____   x = _____

3. Das Auto von A ist mit 60 ℓ voll getankt. Auf 100 km verbraucht das Auto 7 ℓ.
   Der Wagen von B ist mit 50 ℓ voll getankt, er verbraucht nur 4 Liter auf 100 km.
   a) Berechne den Tankinhalt der Wagen von A und von B
      nach 200 km.

      A: _____   B: _____
   b) Ergänze die Tabelle für den Tankinhalt von A und von B
      nach x Kilometer.
   c) Ergänze die Gleichungen für die Zuordnung:
      Strecke x (km) → y (ℓ) Tankinhalt.

      A: y = _____ – _____ · x

      B: y = _____ – _____ · x
   d) Berechne durch Probieren oder durch Lösen der
      passenden Gleichung, nach wie viel km der Tank
      des Wagens von A bzw. von B leer ist.

      A: _____   B: _____
   e) Nach wie viel gefahrenen Kilometern von A und
      von B haben beide Wagen gleich viel Kraftstoff
      im Tank? Berechne durch Lösen einer Gleichung,
      im Probierverfahren oder durch Zeichnen von
      Geraden im Koordinatensystem.

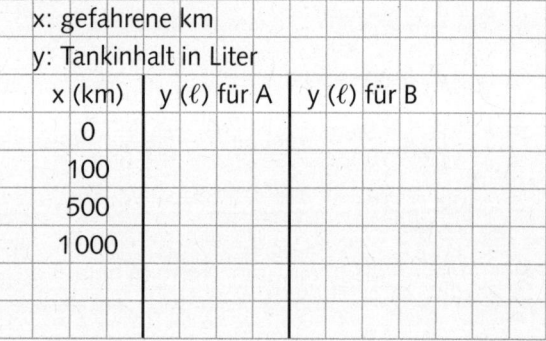

x: gefahrene km
y: Tankinhalt in Liter

x (km)	y (ℓ) für A	y (ℓ) für B
0		
100		
500		
1 000		

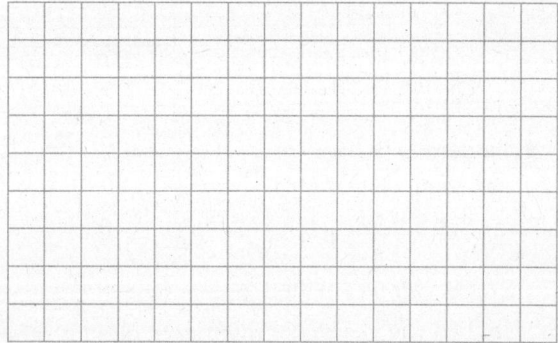

4. Zur Gleichung 3x – 15 = 2x – 5 passt der Text:
   Das Dreifache von x vermindert um 15 ist gleich dem Doppelten von x vermindert um 5.
   a) Löse die Gleichung. Mache die Probe durch Kontrolle mit dem Text.

   b) Löse die Gleichung 5x + 12 = 92 – 3x. x = _____
      Erfinde einen Text zur Gleichung und kontrolliere deine Lösung mit deinem Text.

   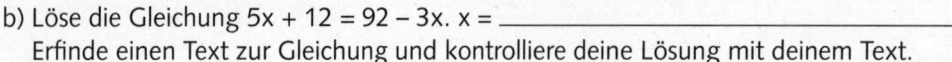

1. Das Quadrat-Punktmuster zeigt fünf Punkte in jeder Reihe.

a) Im gesamten Muster sind es _____ Punkte.

b) Ergänze die Tabelle für ein solches quadratisches Muster.

c) Ergänze: Bei 11 Punkten in jeder Reihe sind es

insgesamt _____ Punkte.
Bei insgesamt 900 Punkten sind es _____ in jeder Reihe.

Punkte im Quadrat

In jeder Reihe	insgesamt
	9
	16
5	
7	
9	
	100
	400

2. Je größer die Seitenlänge eines Quadrats, desto größer ist sein Flächeninhalt A.
a) Berechne den Flächeninhalt und ergänze die Tabelle.
b) Markiere im Koordinatensystem die entsprechenden Punkte zu den Tabellenwerten.

Seite a (m)	Flächeninhalt A (m²)
0,2	0,04
0,5	
0,8	
1,0	
1,2	
1,5	
1,8	
2,0	

3. Mit einem Kopierer werden Quadrat-Vorlagen auf die doppelte Seitenlänge vergrößert.
a) Berechne zu den Seitenlängen a die Werte für den Umfang u und den Flächeninhalt A von Vorlage und Kopie.
b) Ergänze den Text: Verdoppelt man die Seitenlänge eines Quadrats,

dann _____ sich der Umfang

und dann _____ sich der Flächeninhalt.

Quadrat-Vorlage			Kopie		
a (cm)	u (cm)	A (cm²)	2a (cm)	u (cm)	A (cm²)
5			10		
10					
15					
20					
25					
			60		
			70		

4. In der Fahrschule lernt Kai eine Faustformel für den Bremsweg eines Autos in Abhängigkeit von der Geschwindigkeit kennen: Bremsweg (in m) = (Geschwindigkeit (in $\frac{km}{h}$) : 10)².
a) Berechne den Bremsweg für die Geschwindigkeit von

(1) 100 $\frac{km}{h}$; Bremsweg: _____   (2) 50 $\frac{km}{h}$; Bremsweg: _____

b) Um wie viel ist der Bremsweg für eine Geschwindigkeit von 60 $\frac{km}{h}$ kürzer als der für 120 $\frac{km}{h}$?

_____

5. Nenne den Wert von „Geschwindigkeit (in $\frac{km}{h}$) : 10" jetzt x. Denke an die Faustformel aus Aufgabe 4, löse die Aufgabe und formuliere eine Antwort.

Wenn $x^2 = 64$, dann ist x = _____ und 10 · x = _____.

Also: Wenn der Bremsweg 64 m ist, dann fuhr das Auto mit einer Geschwindigkeit von _____ $\frac{km}{h}$.

1. Die Normalparabel rechts zeigt, wie der Flächeninhalt y (in m²) eines
Quadrats mit der Seitenlänge x (in m) wächst.
a) Lies den Flächeninhalt in m² ab (runde auf zehntel m²).

Seite (m)	0,5	0,8	1,5	2,7
Fläche (m²)				

b) Lies die Seitenlänge in m ab (runde auf dm).

Seite (m)				
Fläche (m²)	0,5	4,2	6,4	8,6

2. Welche positive Zahl x ist Lösung der Gleichung? Löse mit dem Taschenrechner, runde auf Hundertstel und kontrolliere deine Lösung an der
Normalparabel für $y = x^2$.
   a) $x^2 = 2$ b) $x^2 = 3$ c) $x^2 = 4,5$ d) $x^2 = 8,4$ e) $x^2 = 10$

     x =_____   x =_____   x =_____   x =_____   x =_____

3. Die gestrichelte Gerade im Koordinatensystem zeigt, wie der Flächeninhalt y (in m²) eines 2,5 m hohen Rechtecks mit der Breite x (in m)
wächst.
a) Lies den Flächeninhalt bzw. die Breite ab. Runde sinnvoll.

Seite (m)	0,5	0,8		
Fläche (m²)			5,0	7,2

b) Ergänze die Gleichung für die Gerade: y = _____ · x

4. a) In welchen Punkten schneidet die gestrichelte Gerade die
    Normalparabel?   O (_____ | _____), S (_____ | _____)
b) Welche Gleichung ist für den x-Wert der Punkte O und S erfüllt,
    (1) $x^2 = 6,25 \cdot x$ oder   (2) $x^2 = 2,5 \cdot x$ oder   (3) $x^2 = 6,25$? _____

5. Es gibt verschiedene Faustformeln für den Reaktionsweg, den Bremsweg und den Anhalteweg eines Autos,
das mit einer Geschwindigkeit v (in $\frac{km}{h}$) plötzlich halten soll.
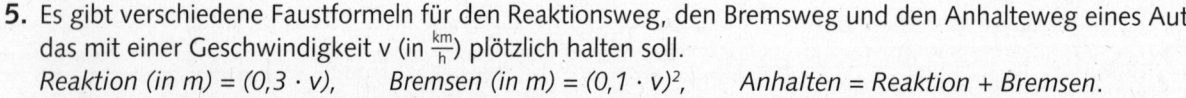
Reaktion (in m) = (0,3 · v),   *Bremsen (in m) = (0,1 · v)²,*   *Anhalten = Reaktion + Bremsen.*
Ergänze die fehlenden Werte in der Tabelle.

v ($\frac{km}{h}$)	10	30	50	80	120
Reaktion (m)					
Bremsen (m)					
Anhalten (m)					

6. Gib zwei Werte an für eine Geschwindigkeit v, bei der

a) der Reaktionsweg kürzer als der Bremsweg ist: v = _____ $\frac{km}{h}$ und v = _____ $\frac{km}{h}$

b) der Reaktionsweg länger als der Bremsweg ist: v = _____ $\frac{km}{h}$ und v = _____ $\frac{km}{h}$

c) der Reaktionsweg so lang ist wie der Bremsweg: v = _____ $\frac{km}{h}$ und v = _____ $\frac{km}{h}$

7. a) Zeichne zu y = x + 0,75 die zugehörige Gerade in das Koordinatensystem (oben rechts).
b) Bestimme dann durch Ablesen am Graphen einen x-Wert (x > 0), für den gilt:

    $y = x^2$ und auch y = x + 0,75. x = _____. Kontrolliere mit einer Rechnung.

8. Bestimme wie in Aufgabe 6 einen x-Wert, für den gilt: $y = x^2$ und y = 2x + 1,25.

Lösungen zum Arbeitsheft 10

Natürliche Zahlen, Brüche, Dezimalbrüche

1

1. a) (1) $20\,000 >$ dreizehntausend (2) $6,5 > 5,69$ (3) $\frac{4}{5} > \frac{8}{100}$ (4) $0,02 < 20\,\%$

     $500\,000 = 0,5$ Mio. $4\frac{1}{3} > 4,3$ $\frac{3}{4} = 0,75$ $\frac{1}{2} = 50\,\%$

   b) $-0,1;\ 0,05;\ 0,3;\ 0,55$

   c)

2. Quadrat: a) $\frac{1}{5} = 20\,\%$ b) $-$ c) $\frac{2}{5} = 40\,\%$

    Kreis: a) $\frac{1}{4} = 25\,\%$ b) $-$ c) $\frac{3}{8} = 37,5\,\%$

3. a)   21   b)   15   c)   56   d)   7   e) 2
     210   150   560   700   0,2
     220   151   57\,400   702   1,2

4. a) $0,8$ b) $0,05$ c) $0,004$ d) $0,023$

5. a) $\frac{3}{10}$ b) $\frac{31}{100}$ c) $\frac{3}{100}$ d) $\frac{31}{1000}$

6. a) $2,85;\ 2,35$ b) $1,1;\ 0,1$ c) $0,48;\ 4,8$ d) $0,25;\ 2,5$

7. a) $207,89$ b) $1\,990,90$ c) $290,37$ d) $10\,054,10$

8. a) $1\,152,107$ b) $10\,750$

Maßeinheiten und Größenvorstellungen

2

1. a) $120\,\text{cm} < 12\,\text{m}$ $79\,\text{mm} > 7\,\text{cm}$ $580\,\text{m} < 5,8\,\text{km}$ $\frac{1}{2}\,\text{km} = 500\,\text{m}$

   b) $100\,\text{cm}^2 < 1\,\text{m}^2$ $20\,\text{cm}^2 > 200\,\text{mm}^2$ $100\,\text{m}^2 = 1\,\text{a}$ $\frac{1}{4}\,\text{m}^2 = 2\,500\,\text{cm}^2$

   c) $100\,\text{cm}^3 < 1\,\text{m}^3$ $10\,l > 1\,000\,\text{ml} = 1\,l$ $1\,000\,\text{dm}^3 = 10\,\text{m}^3$ $\frac{1}{2}\,\text{m}^3 = 500\,l$

   d) $250\,\text{g} < 0,5\,\text{kg}$ $8\,\text{kg} > 80\,\text{g}$ $750\,\text{kg} < 7,5\,\text{t}$ $\frac{1}{4}\,\text{g} = 250\,\text{mg}$

   e) $100\,\text{min} > 1\,\text{h}$ $50\,\text{h} > 2\,\text{Tage}$ $100\,\text{s} > 1,5\,\text{min}$ $\frac{1}{2}\,\text{Jahr} < 500\,\text{Tage}$

2. a) $100\,\text{mm} < 20\,\text{cm} < 1\,\text{m} < 1,2\,\text{m} < 132\,\text{cm} < 1\,\text{km}$
   b) $20\,\text{cm}^2 < 160\,\text{cm}^2 < 0,2\,\text{m}^2$
   c) $100\,\text{ml} < 600\,l < 1\,\text{m}^3$
   d) $750\,\text{g} < 1\,500\,\text{g} < 4\,\text{kg} < 3\,\text{t}$
   e) $1\,\text{min} < 80\,\text{s} < \frac{1}{2}\,\text{h} < 50\,\text{min} < 2\,\text{h}$

3. a) $65\,\text{kg}$ b) $205\,\text{cm}$ c) $100\,\text{min}$ d) $2\,\text{mm}$ e) $8\,l$ f) $1\,\text{ha}$ g) $14\,\text{Mrd. Jahre}$

4. a) Ja, etwa $\frac{3}{4}$ voll   b) $45\,l$

2

5. a) –7 °C   b) 7 °C

6. a) 7:10 Uhr   b) 9 h 15 min

Runden, Schätzen und Überschlagsrechnen

3

1. a) auf T, mindestens 51 500, höchstens 52 499.
    b) auf H, mindestens 2 250, höchstens 2 349.
    c) auf HT, mindestens 8 350 000, höchstens 8 449 999.

2. a) auf T, ca. 26 000   b) auf HT, ca. 12,5 Mio.

3. a) 4,07 €; 6,67 €; 2,00 €   b) 5 cm; 29 cm; 1,67 m   c) 129 g; 417 g; 0,833 kg

4. a) (2) 7 185,6   b) (3) 5 982,79   c) (3) 675

5. (3) ein Fünftel

6. a) 72 000 Reifenumdrehungen pro Stunde   b) Ja, es fährt mit 140,4 $\frac{km}{h}$.

7. a) $1\,000\,000 = 1\,000 \cdot 1\,000 = 100 \cdot 10\,000$
    b) $1 \text{ Mrd.} = 1\,000 \cdot 1 \text{ Mio.} = 1\,000\,000 \cdot 1\,000$

8. (1) Ü: $13\,000 + 6\,000 = 19\,000$, Ergebnis stimmt.
    (2) Ü: $360 - 300 = 60$, Ergebnis ist falsch.
    (3) Ü: $500 \cdot 70 = 35\,000$, Ergebnis ist falsch.
    (4) Ü: $10 \cdot 2\,800 = 28\,000$, Ergebnis ist falsch.
    (5) Ü: $1\,000 : 100 = 10$, Ergebnis stimmt.
    (6) Ü: $40 : 40 = 1$, Ergebnis ist falsch.
    Mit Sicherheit falsch sind die Taschenrechner-Ergebnisse für die Aufgaben (2), (3), (4) und (6).

Rechnen mit Größen

4

1. a) 4,40 €   b) 0,88 €   c) 2,20 €

2. a) 250 g   b) 375 g   c) 1 250 g

3. a) 1,4 kg   b) 650 g   c) 750 kg   d) 9 m   e) 70 cm   f) 250 m

4. a) 65 min = 1 h 5 min   b) 130 min = 2 h 10 min
    c) 80 min = 1 h 20 min   d) 130 min = 2 h 10 min

5. a) 240 cm = 2,4 m   b) 1 000 cm = 10 m   c) 60 mm = 6 cm   d) 120 mm = 12 cm

6. a) 0,7 kg = 700 g   b) 0,4 kg = 400 g   c) 0,08 t = 80 kg   d) 0,8 t = 800 kg

7. a) 5,68 €   b) 2,91 €   c) 9,49 €   d) 4,69 €

4

8. a) 20 Kisten   b) 34 Kisten, nicht alle sind voll.   c) 100 kg

9. a) 21 cm   b) 29,7 cm   c) etwa 16 Heftseiten

Dreisatz – mit Kopf und Taschenrechner

5

1. a) 840 km   b) 657 €

2. a) 2,10 €   b) 3,15 €; 12,60 €; 18,90 €   c) 1,20 €; 4,98 €; 2,21 €; 16,15 €

3. a) 9,38 l; 6,25 l b) 1,599 €

c)

Diesel	25,74 l	42,31 l	**35,88 l**	**22,06 l**
Preis	**38,58 €**	**63,42 €**	53,78 €	33,07 €

4. a) 18 $\frac{km}{h}$ b) 10 min; 20 min; 40 min   c) 13,5 km; 27 km

Proportionale und antiproportionale Zuordnungen

6

1. a) proportionale Zuordnung: Je mehr / größer, desto mehr / größer, und es gilt: zum Doppelten gehört das Doppelte.

b)

(1)
An-zahl	Menge (g)
5	30
1	6
6	36

(2)
An-zahl	Menge (g)
4	120
1	30
3	90

(3)
An-zahl	Preis (€)
60	180
30	90
90	270

(4)
An-zahl	Preis (€)
40	20
25	12,50
100	50

2. a) antiproportionale Zuordnung: Je mehr / größer, desto weniger / kleiner, und es gilt: zum Doppelten gehört die Hälfte.

b)

(1)
An-zahl	Dauer (h)
5	30
1	150
6	25

(2)
An-zahl	Dauer (h)
4	120
1	480
3	160

(3)
v $\left(\frac{km}{h}\right)$	t (h)
20	3
5	12
25	2,4

(4)
s (km)	v $\left(\frac{km}{h}\right)$
500	10
100	50
80	62,5

3. a) (P) Alex bekommt im Mai 200 €.
   b) (AP) Ein solches Rechteck ist 10 cm breit.
   c) (K)
   d) (K)
   e) (AP) 25 Kekse, die jeweils 20 g wiegen, wiegen insgesamt 500 g.
   f) (K)

4. a) 6 · 7 = 42, 5 · 7 = 35; es bleiben 4 Plätze leer. (Vorausgesetzt wird, dass die Klein-busse nicht von den Teilnehmern selbst gefahren werden, z.B. Großraumtaxis.)
   b) Jedes Vereinsmitglied muss 30 € bezahlen (Gesamtpreis: 1 140 €).

5. a) Gesamtkosten 375 €   b) Kosten pro Person 18,75 €

Prozentrechnung

7

1. gefärbt:　　　a) $\frac{3}{4} = 75\,\%$　　b) $\frac{9}{25} = 36\,\%$　　c) $\frac{3}{10} = 30\,\%$　　d) $\frac{3}{8} = 37{,}5\,\%$

   weiß:　　　　a) $\frac{1}{4} = 25\,\%$　　b) $\frac{16}{25} = 64\,\%$　　c) $\frac{7}{10} = 70\,\%$　　d) $\frac{5}{8} = 62{,}5\,\%$

2. a) zur Kontrolle: die schraffierten Teilflächen sind 3,0 cm bzw. 4,5 cm lang.　　b) 25 %

3. a) 0,4 t = 400 kg　　　　b) 20 %　　　　　　　c) 400 g

4. 100 Flaschen

5. a) 279 t　　　　　　　　b) 186 t

6. a) 287,50 €　　　　　　b) 202,30 €　　　　　　c) 1 160,25 €

7.

	a)	b)	c)	d)
Rabatt	14,85 €	1,52 €	17% von 119 € ≈ 20 €	23% von 259 € ≈ 60 €
Neuer Preis	84,15 €	17,47 €	99,00 €	199,00 €

8.

	a)	b)	c)	d)
Bruttolohn	985,00 €	1 150,00 €	1 870,00 €	**2 105,00 €**
Abzüge	190,00 €	**345,00 €**	**545,00 €**	525,00 €
% vom Brutto	**19 %**	30 %	**29 %**	**25 %**
Nettolohn	**795,00 €**	**805,00 €**	1 325,00 €	1 580,00 €

Zinsrechnung

8

1. a) 1,50 €; 4,50 €
   b) 4,20 €; 16,80 €
   c) 7,30 €; 36,50 €

2. Jahreszinsen von Herr Meder: 125 €; Frau Neuhaus: 125 €, genauso viel wie Herr Meder; Frau Olcher: 120 €, weniger als Herr Meder; Herr Pracht: 120 €, weniger als Herr Meder

3. Jahreszinsen: 7,35 €; 17,34 €; 23,58 €; 50 €; 21,20 €; 43,59 €

4. a) 55,25 €　　　　　　b) 57,38 €　　　　　　c) 61,63 €

5. a) 2 €; 6 €　　　b) 4,10 €; 16,40 €　　c) 3 €; 15 €　　　d) 1,50 €; 9 €

6. a) 190 €　　　b) 171 €　　　c) 190 €　　　d) 380 €

7. Zinsen: 20,42 €; 15,68 €; 20,58 €; 583,33 €; 1 072,42 €; 9,20 €

Maßstab und Seitenverhältnisse

9

1. a) 2 km   b) 1,25 km   c) 20 cm
   d) $1 : 5\,000\,000 = 1 : 5$ Mio.   e) $1 : 50\,000\,000 = 1 : 50$ Mio.

2. a) 510 km   b) 280 km   c) 300 km

3. –

4. a) 1,4; 1,4; 1,4; 1,4; 1,4
   b) A1-Format: 83,5 cm;   A0-Format: 117,7 cm

Häufigkeit und Wahrscheinlichkeit

10

1. a) Richtig sind: „Mehr als die Hälfte aller Jugendlichen hört mehrmals pro Woche
      Radio." und „Über 900 Befragte insgesamt gaben an, mehr als einmal pro Woche
      Radio zu hören."
   b) Diese Aussage kann man nicht aus den Daten ableiten; bei der Erhebung geht
      es darum, wie viele Jugendliche mehrmals pro Woche ins Kino gehen und nicht
      darum, ob sie überhaupt gehen.
   c) 1 078 der Befragten sehen regelmäßig fern (541 Jungen und 537 Mädchen).
   d)

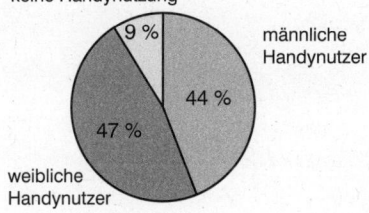

2. a) absolute Häufigkeiten:

	Mädchen	Jungen	gesamt
Sport	5	8	13
Freunde treffen	7	4	11
Computer	2	5	7
gesamt	14	17	31

Relative Häufigkeiten:

	Mädchen	Jungen	gesamt
Sport	35,7 %	47,1 %	41,9 %
Freunde treffen	50 %	23,5 %	35,5 %
Computer	14,3 %	29,4 %	22,6 %
gesamt	100 %	100 %	100 %

   b) 898 Schüler   c) 22,6 %   d) 29 %

3. a) $p(3) = \frac{1}{2}$;   1 Feld mit „1",   2 Felder mit „2",   3 Felder mit „3" beschriften (egal,
      an welcher Stelle).
   b) $p(3) = 0$;   3 Felder mit „1",   3 Felder mit „2" beschriften.

Terme, Formeln und Gleichungen

11

1. a) 15   b) 150   c) 250   d) 35   e) 14   f) 0

2. a) 190; 19 000   b) 380; 38 000   c) 680; 68 000
   d) 8; 80   e) 8; 98   f) 5; 50

3.

Zahl	x	25	460	12,4	0,246	3,14
das Doppelte	2x	50	920	24,8	0,492	6,28
die Hälfte	$\frac{x}{2}$	12,5	230	6,2	0,123	1,57
zehn Prozent	0,1x	2,5	46	1,24	0,0246	0,314

4. a) Quader: $V = abc; O = 2 \cdot ab + 2 \cdot ac + 2 \cdot bc$
   b) Würfel: $V = a^3; O = 6 \cdot a^2$

5. Quader: $k = 4 \cdot a + 4 \cdot b + 4 \cdot c$; Würfel: $k = 12 \cdot a$

6. a) $V = 105\ m^3; O = 137\ m^2; k = 58\ m$
   b) $V = 125\ m^3; O = 150\ m^2; k = 60\ m$

7. a) 4 cm   b) 5 m   c) 7,1 cm (= $\sqrt{50}$ cm)

8. a) Ja, denn $3 \cdot 30 - 20 = 70 = 2 \cdot 30 + 10$
   b) Nein, denn $6 \cdot 30 - 10 = 170$ und $52 + 4 \cdot 30 = 172$

9. a) x = 7   b) x = 8

Lineare Funktionen und Gleichungen

12

1. a)

x (km)	y (€)
5	11,5
10	19
15	26,50
20	34,00
25	41,50

b)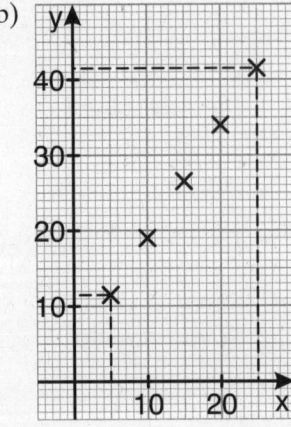

c) $y = 1,50 \cdot x + 4,00$

2. a) Text (2) passt zur Gleichung.
   b) $y = 52$, denn $\frac{1}{2} \cdot 52 + 1 = 27 = 2 \cdot 10 + 7$
   c) $y = 4 \cdot x + 12$
   d) $x = \frac{1}{4} \cdot y - 3$

12   3. a) A: 46 *l*; B: 42 *l*

c) A: y = 60 – 0,07 · x;
B: y = 50 – 0,04 · x

d) A: nach 857 km;
B: nach 1250 km

e) nach 333 km

b)

x (km)	y (*l*) für A	y (*l*) für B
0	60	50
100	53	46
500	25	30
1 000	Sprit reicht nicht so weit	10

4. a) x = 10

b) x = 10; z.B. Das Fünffache von x vermehrt um 12 ist gleich 92 vermindert um das Dreifache von x.

Quadratische Funktionen und Gleichungen

13   1. a) 25 Punkte

c) Bei 11 Punkten in jeder Reihe sind es insgesamt 121 Punkte. Bei 900 Punkten in jeder Reihe sind es insgesamt 810 000 Punkte.

b)

In jeder Reihe	insgesamt
3	9
4	16
5	25
7	49
9	81
10	100
20	400

2. a)

Seite a (m)	Flächeninhalt A (m²)
0,2	0,04
0,5	0,25
0,8	0,64
1,0	1,00
1,2	1,44
1,5	2,25
1,8	3,24
2,0	4,00

b)

3. a)

Quadrat-Vorlage			Kopie		
a (cm)	u (cm)	A (cm²)	2a (cm)	u (cm)	A (cm²)
5	20	25	10	40	100
10	40	100	20	80	400
15	60	225	30	120	900
20	80	400	40	160	1 600
25	100	625	50	200	2 500
30	120	900	60	240	3 600
35	140	1 225	70	280	4 900

b) Verdoppelt man die Seitenlänge eines Quadrats, dann verdoppelt sich der Umfang und dann vervierfacht sich der Flächeninhalt.

13

4. a) (1) 100 m   (2) 25 m

   b) Bremsweg bei 60 $\frac{km}{h}$: 36 m; bei 120 $\frac{km}{h}$: 144 m; bei 60 $\frac{km}{h}$ um 108 m kürzer.

5. x = 8; 10 · x = 80; 80 $\frac{km}{h}$

Funktionen und Gleichungen zu Sachsituationen

14

1. a) 0,3 m²; 0,6 m²; 2,3 m²; 7,3 m²   b) 0,7 m; 2,0 m; 2,5 m; 2,9 m

2. a) x = 1,41   b) x = 1,73   c) x = 2,12   d) x = 2,90   e) x = 3,16

3. a) 1,25 m²; 2 m²; 2 m; 2,88 m   b) y = 2,5 · x

4. a) O(0|0); S(2,5|6,25)   b) (2) x² = 2,5 · x

5.

v $\left(\frac{km}{h}\right)$	10	30	50	80	120
Reaktion (m)	3	9	15	24	36
Bremsen (m)	1	9	25	64	144
Anhalten (m)	4	18	40	88	180

6. a) z.B. v = 80 $\frac{km}{h}$; v = 120 $\frac{km}{h}$ b) z.B. v = 10 $\frac{km}{h}$; v = 5 $\frac{km}{h}$ c) v = 30 $\frac{km}{h}$; v = 0 $\frac{km}{h}$

7. a)   b) x = 1,5 (y = 2,25)

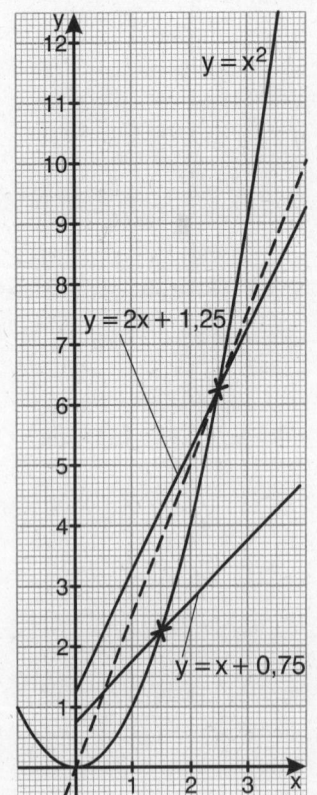

8. x = 2,5

Längen- und Flächenberechnung

15

1. a) 7,2 cm; 360 km   b) 5,9 cm; 295 km   c) 5,7 cm; 285 km

2. a) 7,0 cm; 350 km   b) 6,0 cm; 300 km

3. a) –   b) $u_{Rechteck}$ = 21,4 cm; $u_{Dreieck}$ = 18,4 cm
    c) $A_{Rechteck}$ = 27,3 cm² ≈ 27 cm²; $A_{Dreieck}$ = 13,65 cm² ≈ 14 cm²

4. a) u_{Kreis} = 31 cm; $u_{Quadrat}$ = 4 · $\sqrt{50}$ cm ≈ 28 cm
    b) A_{Kreis} = 79 cm²; $A_{Quadrat}$ = 50 cm²

5. a) 1,92 m²   b) 10,08 m²

6. a) –   b) Alle diese Dreiecke haben den Flächeninhalt A = 7 cm²; die Um-
             fänge sind unterschiedlich.

Würfel und Quader

16

1. a) V = 1 000 cm³ = 1 dm³ = 1 *l*   b) O = 600 cm² = 6 dm²

2. a) V = 6 000 cm³ = 6 dm³ = 6 *l*   b) O = 2 200 cm² = 22 dm²

3. A = 20 cm; O = 2 400 cm²

4. a) V = 6 000 cm³   b) h = 10 cm
    c)   d) O = 2 200 cm²

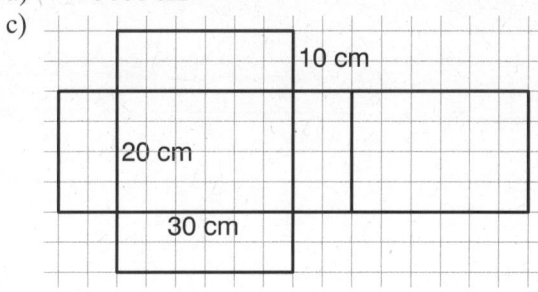

5. Ja, denn V = 2,5 m · 2,3 m · 1,8 m = 10,35 m³ = 10 350 *l*

6. a) Richtig, man kann einen größeren Würfel bauen mit der 5-fachen Kantenlänge,
        denn 5 · 5 · 5 = 125.
    b) Falsch, denn 250 lässt sich nicht als Produkt von drei gleichen Zahlen schreiben.

7. a) V = 775 000 cm³ = 0,775 m³   b) m = 2,093 t   c) m = 337,5 kg

8.

x	3,75	0,95	0,52	1,58	0,82	2,16	0,70
x²	14,06	0,90	0,27	2,50	0,68	4,67	0,49
x³	52,73	0,86	0,14	3,95	0,56	10,1	0,34

Körperberechnung – Prisma und Zylinder

17

1. a) $V = G \cdot h$ b) $O = 2 \cdot G + M$ c) $h = V : G$ d) $G = V : h$

2. a) $V = 14,8\ m^3$; $O = 16,5\ m^2$ b) $V = 1,00\ m^3$; $O = 5,35\ m^2$
   c) $h = 1,04\ m$; $O = 9,5\ m^2$ d) $h = 13,53\ m$; $O = 9,16\ m^2$
   e) $G = 3,00\ m^2$; $O = 14,00\ m^2$

3. a) $V = \pi \cdot r^2 \cdot h$ b) $O = 2 \cdot \pi \cdot r^2 + 2 \cdot \pi \cdot r \cdot h$
   c) $h = V : (\pi \cdot r^2)$ d) $M = 2 \cdot \pi \cdot r \cdot h$

4. a) $V = 14,8\ m^3$; $O = 16,5\ m^2$ b) $V = 1,00\ m^3$; $O = 5,35\ m^2$
   c) $h = 1,04\ m$; $O = 9,5\ m^2$ d) $h = 13,53\ m$; $O = 9,16\ m^2$
   e) $G = 3,00\ m^2$; $O = 14,00\ m^2$

5. a) $V = 279\ cm^3$ b) $V = 10\,681\ cm^3$

6. a) $V = 961,3\ m^3$; $O = 546,6\ m^2$ b) $V = 1\,341,6\ m^3$; $O = 823,6\ m^2$

7. $V = 152\,417\ cm^3$; $m = 381\ kg$

Körperberechnung – Pyramide, Kegel und Kugel

18

1. a) –   b) $M = 10\ cm^2$; $O = 14\ cm^2$

2. a) dreimal; $V_{Würfel} = 3 \cdot V_{Pyramide}$ b) dreimal; $V_{Zylinder} = 3 \cdot V_{Kegel}$

3. a) $M = 25\ cm^2$; $O = 37\ cm^2$ b) $M = 38\ cm^2$; $O = 50\ cm^2$ c) $M = 17\ cm^2$; $O = 22\ cm$

4. a)

a	2,4 m	7,50 cm	4,1 dm	3,2 m
h	3,2 m	3,30 cm	7,4 dm	1,40 m
h_s	3,4 m	5,00 cm	7,7 dm	2,13 m
M	16,32 m²	75,00 cm²	63,14 dm²	13,44 m²
O	22,08 m²	131,25 cm²	79,95 dm²	23,68 m²
V	6,14 m³	61,88 cm³	41,5 dm³	4,78 m³

b)

r	3,0 cm	4,2 m	4,6 mm	15,00 dm
s	5,0 cm	9,5 m	5,39 mm	17,00 dm
h	4,0 cm	8,5 m	2,8 mm	8,00 dm
M	47,12 cm²	125,35 m²	77,89 mm²	801,1 dm²
O	75,40 cm²	180,77 m²	144,5 mm²	1 508,0 dm²
V	37,70 cm³	157,02 m³	62,04 mm³	1 885,0 dm³

5. a) $O = 314\ m^2$; $V = 524\ m^3$ b) $O = 1\,018\ m^2$; $V = 3\,054\ m^3$
   c) $r = 13\ m$; $V = 9\,203\ m^3$ d) $r = 10\ m$; $O = 1\,257\ m^2$

Satz des Pythagoras (bei Flächen- und Körperberechnungen)

19

1. a) $8^2 - 4,5^2 = x^2$ passt zu Dreieck (2), $8^2 + 4,5^2 = x^2$ passt zu Dreieck (1)
    b) Dreieck (1): x = 9,2 cm; Dreieck (2): x = 6,6 cm

2.

	r	s	h	M	O	V
a)	3,0 cm	4,0 cm	2,6 cm	37,7 cm²	66,0 cm²	24,0 cm³
b)	5,2 m	9,9 m	8,4 m	161,7 m²	246,0 m²	237,0 m³
c)	12,0 mm	23,5 mm	20,2 mm	886,0 mm²	1 338,0 mm²	3 046,0 mm³
d)	15,1 dm	19,5 dm	12,0 dm	925,0 dm²	1 641,4 dm²	2 936,9 dm³

3.

	a	d	s	h_s	h	M	O	V
a)	12,0 m	17,0 m	17,1 m	16,0 m	14,8 m	384,0 m²	528,0 m²	710,4 m³
b)	3,5 dm	4,9 dm	5,1 dm	4,8 dm	4,5 dm	33,6 dm²	45,9 dm²	18,4 dm³
c)	6,9 mm	9,8 mm	10,4 mm	9,8 mm	9,2 mm	135,2 mm²	182,9 mm²	146,0 mm³

4. a) r = 5 cm; h = 10 cm; V = 262 cm³; O = 254 cm²
    b) a = 10 cm; h = 10 cm; V = 333 cm²; O = 324 cm²

5. a) h_s = 13,0 cm   b) O = 390 cm²; V = 390 cm³

Zusammengesetzte Körper

20

1. a) V = 4 072 cm³; O = 1 329 cm²   b) V = 3 504 cm³; O = 1 448 cm²
    c) V = 1 068 cm³; O = 656 cm²

2. a) V = 1 140 cm³; O = 905 cm²   b) V = 9 048 cm³; O = 3 710 cm²
    c) V = 693 cm³; O = 594 cm²

3. V = 23 561,9 mm³; m = 183,78 g

4. M = 2 861,8 m²; das Zirkuszelt kostet 17 742,96 €.

5. a)
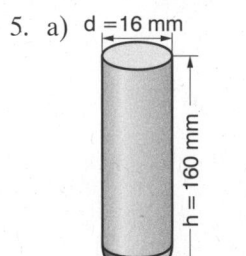

    b) V = 31 633,7 mm³ ≈ 31,6 ml
    c) $V_{Halbkugel}$ = 1 072 mm³ = 1,072 ml; V_{Rest} = 6,92 ml;
        $h_{Zylinder}$ = 34,5 mm; Gesamthöhe: h = 42,5 mm

Potenzen und Wurzeln

21

1.

	a)	b)	c)	d)	e)	f)	g)	h)	i)	j)
a	4	5	12	1,2	6	0,9	10	20	20	30
a^2	16	25	144	1,44	36	0,81	100	400	400	900
a^3	64	125	1728	1,728	216	0,729	1000	8000	8000	27000

2. a) 18   b) 36   c) 54   d) 216

3. a) 8,1   b) 20,25   c) 14,58   d) 91,13

4. a)

	Beginn	nach 1 Jahr	nach 2 Jahren	nach 3 Jahren	nach 4 Jahren	nach 5 Jahren
Bestand	1000 ha	1050 ha	1103 ha	1158 ha	1216 ha	1276 ha

   b) nach 10 Jahren: 1629 ha; nach 20 Jahren: 2653 ha

5. a)

	Beginn	nach 1 Jahr	nach 2 Jahren	nach 3 Jahren	nach 4 Jahren	nach 5 Jahren
Bestand	1000 ha	900 ha	810 ha	729 ha	656 ha	590 ha

   b) nach 10 Jahren: 349 ha; nach 20 Jahren: 122 ha   c) 12,2 %

6. a) 8   b) 2   c) 32   d) 2   e) 40   f) 2   g) 160   h) 2

7. a) 3359,79 €; 346,06 €   b) 2238,56 €; 21118,49 €   c) 4477,12 €; 4745,75 €

8. a) 31,6   b) 10   c) 10   d) 14,1   e) 2   f) 5

Rechnen mit Zehnerpotenzen

22

1. $1000 \cdot 1000 \cdot 1000 = 1000000000 \; (= 1 \text{ Mrd.}) = 1\text{E}9 \; (= 1 \cdot 10^9)$
   $1000 \cdot 1000 \cdot 1000 \cdot 1000 = 1000000000000 \; (= 1 \text{ Bio.}) = 1\text{ E}12 \; (= 1 \cdot 10^{12})$
   $2000 \cdot 2000 \cdot 2000 \cdot 2000 = 16000000000000 \; (= 16 \text{ Bio.}) = 1.6\text{ E}13 \; (= 1 \cdot 10^{13})$
   $0,000001 : 1000 = 0,000000001 \; (= \frac{1}{1 \text{ Mrd.}}) = 1\text{E-}9 \; (= 1 \cdot 10^{-9})$

   $0,000001 : 1000000 = 0,000000000001 \; (= \frac{1}{1 \text{ Bio.}}) = 1\text{E-}12 \; (= 1 \cdot 10^{-12})$

   $0,000015 : 100000000 = 0,000000000015 \; (= \frac{15}{1 \text{ Bio.}}) = 1.5\text{ E-}11 \; (= 1,5 \cdot 10^{-11})$

2. a) Zehntausend $= 10000 = 10^4$ b) eine Million $= 1000000 = 10^6$
   c) Hunderttausend $= 100000 = 10^5$ d) eine Million $= 1000000 = 10^6$
   e) drei Milliarden $= 3000000000 = 3 \cdot 10^9$

3. a) $200 \cdot 500 = 100000 = 10^5$
   b) $3000 \cdot 5000 = 15000000 \; (= 15 \text{ Mio.}) = 1,5 \cdot 10^7$
   c) $200 \cdot 10000 = 2000000 = 2 \cdot 10^6$
   d) $7000 \cdot 1000 = 7 \text{ Mio.} = 7 \cdot 10^6$
   e) $2,4 \cdot 10^6 : 100 = 2400000 : 100 = 24000 = 2,4 \cdot 10^4$
   f) $3,6 \cdot 10^9 : 400 = 3600000000 : 400 = 9000000 = 9 \cdot 10^6$

22

4. Deutschland (6 aus 49):   14 Mio. = $1,4 \cdot 10^7$
   Österreich (6 aus 45):   8 Mio. = $8 \cdot 10^6$
   Schweden (7 aus 35): $6\,724\,520 \approx 7$ Mio. = $7 \cdot 10^6$

5. 2,5 Mrd. = $2,5 \cdot 10^9$
   2012: 6,91 Mrd. = $6,91 \cdot 10^9$

6. a) 1 Mio. · **10 000** = 1 Mrd.
   b) $1,5 \cdot 10^6 \cdot$ **100 000** = $1,5 \cdot 10^{11}$
   c) 20 Mrd. : **20 000** = 1 Mio.
   d) $2,1 \cdot 10^{10} :$ **10 000** = $2,1 \cdot 10^6$

7. a) $0,0001 = 1 \cdot 10^{-4}$; $0,000002 = 2 \cdot 10^{-6}$; $0,000000123 = 1,23 \cdot 10^{-7}$
   b) $1 : 13\,983\,816 \approx 7,1511 \cdot 10^{-8}$; $1 : 8\,145\,060 \approx 1,2277 \cdot 10^{-7}$

Wachstumsrate und Wachstumsfaktor

23

1.

	a)	b)	c)
Faktor	1,15	1,12	1,09
Neuer Preis	144,79 €	111,94 €	413,11 €

2. 1 606,50 €

3. a) 89,38 €   b) 106,44 €   c) 46,29 €   d) 20 %

4. Bruttobetrag: a) 1 190 €   b) 33,92 €   c) 3 638,90 €   d) 12 471,80 €

5. a) 1,20   b) 1,50   c) 200 %   d) 0,75   e) 50 %

6. a) (1) 12 500 €; (2) 7 500 €   b) (1) 2 000 €; (2) 3 000 €

7.

	Jahr 2000	Jahr 2010
A-Stadt	150 700	180 840
B-Stadt	901 600	973 728

Kapitalwachstum über mehrere Jahre

24

1. a) nach 4 Jahren: 1 170 €; nach 5 Jahren: 1 217 €; nach 6 Jahren: 1 265 €
   b) nach 6 Jahren bzw. nach 11 Jahren (dann 1 554 €)

2. a) nach 5 Jahren: 1 159 €; nach 10 Jahren: 1 344 €
   b) nach 5 Jahren: 2 319 €; nach 10 Jahren: 2 688 €

3. a) 5 788 €   b) 1 769 €   c) 1 382 €   d) 17 908 €

24   4. a) 2000 €   b) 6000 €   c) 6100 €   d) 1900 €

5. a) 6   b) 5   c) 10

Weltbevölkerung

25   1. a) 1570   b) in 1 Sekunde: 2,6; in 1 Stunde: 9420; in 1 Tag: 226080
c) (1) Zunahme um gleiche Anzahl in gleichen Zeitabschnitten
d) (2) 7 Mrd., (5) $7 \cdot 10^9$

2. a) 84 Tage   b) 19110000

3.

Jahr	1%	2%	+ 83 Mio.
2012	7020	7020	7020
2015	7233	7450	7269
2025	7989	9081	8099
2030	8397	10026	8514
2035	8825	11070	8929
2040	9275	12222	9344
2045	9749	13494	9759
2050	10245	14899	10174

Unterschied zwischen größtem und kleinstem Prognosewert für 2050:
4725 Mio. = 4,725 Mrd.

4. a)

	In Mio.	Zuwachs
1900	1600	27 %
1950	2500	56 %
2000	6000	40 %
2050	11500	92 %

b)

Daten ordnen und strukturieren

26   1. a) 16 lachende Smileys, 8 neutrale Smileys, 6 traurige Smileys
b) Der Median ist ein lachendes Smiley, daher sind die Brötchen empfehlenswert.
c) Der Mittelwert ist $\frac{1}{3}$.

2. a) Das Essen darf 63 € kosten.
b)

	Spannweite	Median	Mittelwert
Familie Fink	27,00 €	28,50 €	28,50 €
Familie Klein	26,00 €	25,00 €	31,00 €

26

c) Familie Fink war sparsamer, sie hat pro Tag durchschnittlich 28,50 € ausgegeben, Familie Klein dagegen 31,00 €.

d) Berechnet man die durchschnittlichen täglichen Ausgaben pro Person, so war Familie Klein mit 7,75 € sparsamer als Familie Fink mit 9,50 €.

3. a) Maximum: 54 min; Minimum: 28 min; Spannweite: 26 min; Modus: 32 min; Median: 32 min; Mittelwert; 33,5 min

b) 32 min, da dies Median und Modus ist.

c) Wenn der Mittelwert ohne den extremen Wert 54 berechnet wird, wird der durchschnittliche Schulweg besser angenähert (dann Mittelwert 31,9 min).

Mit statistischen Kennwerten rechnen

27

1. a) 69,40 €   b) Ja, da beide Klassen mit je fünf Gruppen angetreten sind.
   c) 67 €

2. a) Mittelwert: 8,9; Median: 9,1. Mittelwert und Median unterscheiden sich um 0,2.
   b) Die Ergebnisse sind gerechter, da extreme Werte nicht berücksichtigt werden. Wenn ein Punktrichter zum Beispiel eine Springerin sehr unsympathisch findet und ihr deswegen eine schlechte Bewertung gibt, taucht dies in der Wertung nicht auf.

3. a) 5,5 Glühlampen   b) 2750
   c) Bei 8 einzelnen Stichproben sind die entnommenen Glühbirnen besser „gemischt". Bei nur einer einzigen Stichprobe ist das Ergebnis ungenauer. Wenn ausgerechnet diese eine Stichprobe ein extremes Ergebnis liefert, kann man nicht so gut auf die Gesamtheit schließen.

Klasseneinteilungen

28

1. a) 800–1 000   10
        1 000–1 200   4
        1 200–1 400   10
        1 400–1 600   5
        1 600–1 800   0
        1 800–2 000   9
        2 000–2 200   2
        2 200–2 400   5
        2 400–2 600   4
        2 600–2 800   1

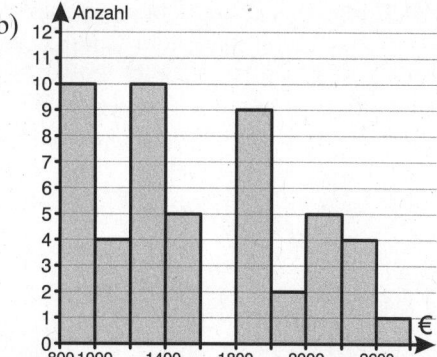

   c) 1 588 €

   d) 800–1 300   14; Mittelwert: 1 720 €, höher als der der Mitarbeiter.
       1 300–1 800   15
       1 800–2 300   11
       2 300–2 800   10

   e) 1 613,70 €; die Näherung der Mitarbeiter ist genauer.

28

f)

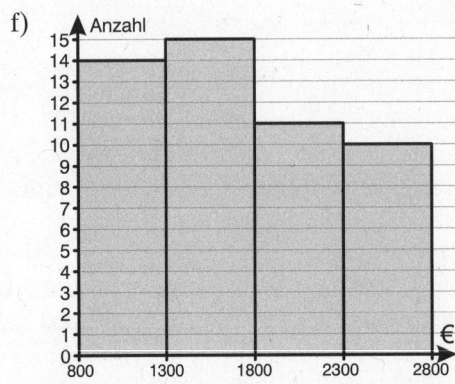

Daten in Diagrammen darstellen

29

1.

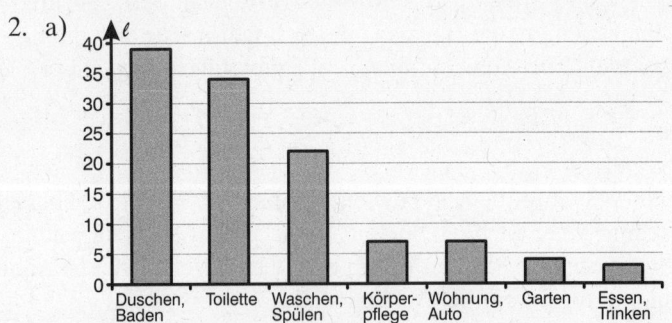

2. a)

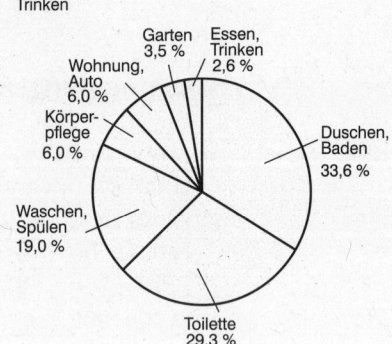

b) 33,6 %; 29,3 %; 19,0 %; 6,0 %; 6,0 %;
   3,5 %; 2,6 %

c) In einem Diagramm kann man schneller
   einen Überblick über Daten bekommen
   als in einer Tabelle; die Zusammensetzung
   bzw. die Anteile der einzelnen Daten
   werden im Kreisdiagramm sehr deutlich.

3. a)

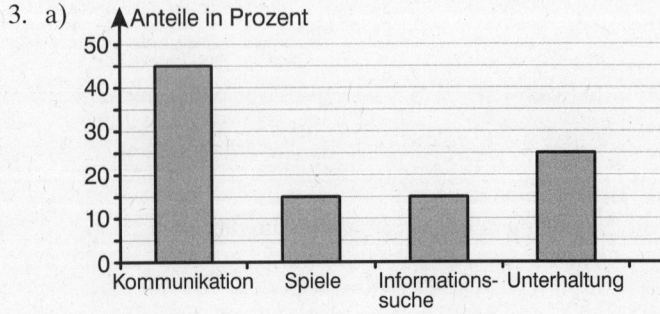

b) Die Umfrage liefert
   dazu keine Informa-
   tionen. Sie sagt ledig-
   lich, dass alle Jugendlichen zusammen 15 %
   ihrer Zeit im Internet
   zur Informationssuche
   nutzen.

Diagramme auswerten und beurteilen

30

1. a) 2005: 1 480 t; 2010: 2 500 t   b) Zuckerkönig mit 260 t
   c) Süßland: 40 %; Naschwelt: 90 %; Zuckerkönig: 35,1 %. Naschwelt hat die größte prozentuale Verkaufssteigerung
   d) 2005: 50 %; 2010: 40 %. Der Manager sollte betonen, dass seine Firma die größte absolute Verkaufssteigerung aufweisen konnte.

2. a) Die Abbildung vermittelt den falschen Eindruck. Bei den Zylindern sind Durchmesser und Höhe im Verhältnis 5 zu 4 verkleinert worden. Das Volumen der Zylinder ist aber dadurch fast im Verhältnis 2 : 1, es wird angedeutet, dass der Verbrauch fast halbiert wird. Dies entspricht nicht den Tatsachen.
   b) z.B.

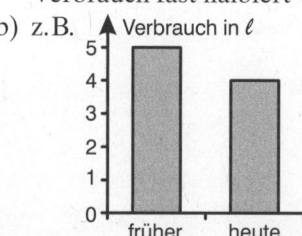

3. Würde man die Werte des rechten Diagramms (für 2011) mit der gleichen Skala wie das linke Diagramm zeichnen, so wäre eher ein Verharren auf derselben Höhe (zwischen 70 und 75 Mio. €) zu sehen. Die Werte für 2011 liegen alle noch unterhalb der Werte aus 2010!

Relative Häufigkeit und Wahrscheinlichkeit

31

1. a) relative Häufigkeiten:
   Würfel A: p(2) = 67,8 %; p(6) = 32,2 %;
   Würfel B: p(1) = 39,1 %; p(5) = 60,9 %;
   Würfel C: p(3) = 48,2 %; p(4) = 51,8 %.
   Leon (Würfel B) hat sich verzählt, bei seinem Würfel sollte die 1 in ungefähr $\frac{1}{3}$ (= 33,3 %) aller Fälle, die 5 in ungefähr $\frac{2}{3}$ (= 66,7 %) aller Fälle auftreten.
   b) Würfel A gegen Würfel B: Würfel A hat höhere Siegchancen (20 : 16)
   Würfel A gegen Würfel C: Würfel C hat höhere Siegchancen (12 : 24)
   Würfel B gegen Würfel C: Würfel B hat höhere Siegchancen (24 : 12)
   c) p(A gewinnt gegen B) = 56%; p(B gewinnt gegen C) = 67%;
   p(C gewinnt gegen A) = 67%
   d) Der Gegner soll zuerst entscheiden, welchen Würfel er wählt. Abhängig von seiner Wahl wähle ich meinen Würfel so, dass ich höhere Siegchancen habe. Wählt der Gegner beispielsweise Würfel A, dann wähle ich Würfel C (vergleiche Aufgabenteil b).

2. Realistisch sind: In 24% aller Fälle wurde Herz gezogen. (p(Herz) = $\frac{1}{4}$ = 25 %)
   Es sind 173 rote Karten gezogen worden. (p(rot) = $\frac{1}{2}$ = 50 %; zu erwarten sind etwa 175 rote Karten.)
   Insgesamt wurden 90 Neunen und Zehnen gezogen. (p(9 oder 10) = $\frac{2}{8}$ = 25 %; zu erwarten sind etwa 87,5 solche Karten.)

3. a) p(Gewinn) = 33%   b) Das Spiel ist nicht fair, der Gewinn müsste 15 € betragen.

Mehrstufige Zufallsversuche

32

1. a)

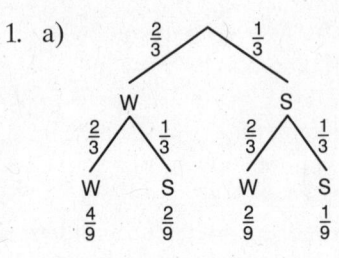

b) p(zweimal weiß) = $\frac{4}{9}$ = 44,4 %; p(weiß-schwarz in dieser Reihenfolge) = $\frac{2}{9}$ = 22,2 %; p(kein weiß) = $\frac{1}{9}$ = 11,1 %; p(gleiche Farben) = $\frac{5}{9}$ = 55,6 %; p(mindestens einmal schwarz) = $\frac{5}{9}$ = 55,6 %

c) Da die Versuche unabhängig voneinander sind, kann Velia keine Aussage für das nächste Ergebnis treffen. Für jedes Mal drehen gilt p(schwarz) = 33 %

2. a)

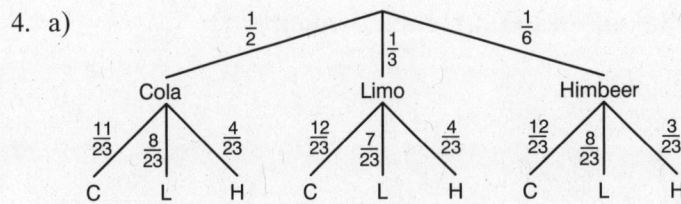

b) p(zwei gut) = $\frac{3}{5} \cdot \frac{1}{2} = \frac{3}{10}$ = 30 %

c) p(einer faul) = 1 – p(beide gut) = 1 – 30 % = 70 %

3.

p(6 im 1. Versuch) = $\frac{1}{6}$ = 16,7 %

p(6 im 2. Versuch) = $\frac{5}{6} \cdot \frac{1}{6}$ = 13,9 %

p(6 im 3. Versuch) = $\frac{5}{6} \cdot \frac{5}{6} \cdot \frac{1}{6}$ = 11,6 %

p(keine 6 im 3 Versuchen) = $\frac{5}{6} \cdot \frac{5}{6} \cdot \frac{5}{6}$ = 57,8 %

4. a)

b) p(genau einmal Limo) = $\frac{1}{2} \cdot \frac{8}{23} + \frac{1}{3} \cdot \frac{12}{23} + \frac{1}{3} \cdot \frac{4}{23} + \frac{1}{6} \cdot \frac{8}{23}$ = 46,4 %

c) p(zwei verschiedene) = $\frac{1}{2} \cdot \frac{8}{23} + \frac{1}{2} \cdot \frac{4}{23} + \frac{1}{3} \cdot \frac{12}{23} + \frac{1}{3} \cdot \frac{4}{23} + \frac{1}{6} \cdot \frac{12}{23} + \frac{1}{6} \cdot \frac{8}{23}$ = 63,8 %

d) Der zu erwartende Gewinn beträgt $\frac{1}{6} \cdot 3$ € + $\frac{1}{3} \cdot 1,20$ € – $\frac{1}{2} \cdot 1,80$ € = 0 €. Die Gewinn- und Verlustchancen sind ausgeglichen, das Spiel ist fair.

1. Miss die Strecke auf der Karte und berechne die (Luftlinien-) Entfernung. Runde auf mm bzw. auf 10 km.

   a) Hamburg – Köln: Karte _____ cm; Entfernung: _____ km

   b) Kassel – Lübeck: Karte _____ cm; Entfernung: _____ km

   c) Bremen – Erfurt: Karte _____ cm; Entfernung: _____ km

2. Berechne die Streckenlänge auf der Karte und die Entfernung in Wirklichkeit. Runde auf 10 km.
   a) Von Düsseldorf über Essen, Bielefeld, Hannover nach Lüneburg:

   _____

   b) Von Osnabrück über Kassel, Eisenach nach Jena:

   _____

3. a) Zeichne ein 6,5 cm breites und 4,2 cm hohes Rechteck ABCD. Zeichne auch die Diagonale von A nach C.
   b) Bestimme den Umfang des Rechtecks ABCD und des Dreiecks ABC. Runde auf mm.

   $u_{Rechteck}$ = _____ cm; $u_{Dreieck}$ = _____ cm

   c) Bestimme die Flächeninhalte von Rechteck und Dreieck. Runde auf cm².

   $A_{Rechteck}$ = _____ cm²; $A_{Dreieck}$ = _____ cm²

4. Der Kreis hat einen Durchmesser von 10 cm. Berechne die gesuchten Werte durch Messen und Rechnen. Runde auf ganze cm bzw. cm².

   a) Umfang: u_{Kreis} = _____ ⑷

   $u_{Quadrat}$ = _____ ⑽

   b) Flächeninhalt: A_{Kreis} = _____ ⒃

   $A_{Quadrat}$ = _____ ⑸

5. Von einer rechteckigen Holzplatte werden zwei gleiche Eckstücke abgeschnitten.
   Berechne den Flächeninhalt (gerundet auf cm²)
   a) der beiden Eckstücke zusammen: _____
   b) der entstehenden trapezförmigen Holzplatte:

   _____

   0,8 m   0,8 m

   2,4 m

   5 m

6. Es gibt viele Dreiecke mit einer Seite c = 4 cm und einer Höhe von h_c = 3,5 cm.
   a) Zeichne zwei Dreiecke mit diesen Maßen.
   b) Bestimme von beiden Dreiecken

   den Flächeninhalt: _____

   den Umfang: _____

Maßstab 1:5 Mio

Lübeck
Wilhelmshaven   Hamburg   Schwerin
Emden   Bremerhaven
Bremen   Lüneburg
Oldenburg
Wittenberge
Cloppenburg
Stendal
Hannover
Osnabrück   Braunschweig   Magdeburg
Bielefeld
Münster
Dortmund   Göttingen
Essen
Duisburg   Kassel
Düsseldorf
Eisenach   Jena
Köln   © westermann   Erfurt

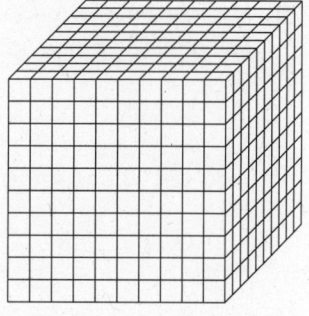

1. Der Würfel hat eine Kantenlänge von 10 cm. Berechne

a) sein Volumen. V = _____ cm³ = _____ dm³ = _____ Liter

b) seine Oberfläche. O = _____ cm² = _____ dm²

2. Ein Quader hat die Maße 30 cm x 20 cm x 10 cm. Berechne

a) sein Volumen. V = _____ cm³ = _____ dm³ = _____ Liter

b) seine Oberfläche. O = _____ cm² = _____ dm²

3. Ein Würfel hat das Volumen V = 8 000 cm³. Berechne seine Kantenlänge und seine Oberfläche.

a = _____ cm;   O = _____ cm²

4. Ein quaderförmiger Karton ist 20 cm breit und 30 cm lang. Er hat ein Volumen von 6 Liter.

a) Gib sein Volumen in cm³ an. V = _____

b) Wie hoch ist der Karton? _____

c) Ergänze das Netz des Kartons. Trage seine Maße in das Netz ein.

d) Berechne die Oberfläche. O = _____

5. Ein Öltank hat die Innenmaße 2,50 m x 2,30 m x 1,80 m. Passen 10 000 Liter Öl in den Tank? Begründe mit

einer Rechnung. _____

6. Entscheide und begründe mit einer Rechnung, ob richtig oder falsch.
a) Mit genau 125 kleinen Würfeln kann man einen größeren Würfel bauen.

richtig _____ / falsch _____ , weil _____

b) Mit genau 250 kleinen Würfeln kann man einen größeren Würfel bauen.

richtig _____ / falsch _____ , weil _____

7. Das Bild rechts zeigt einen quaderförmigen Marmorblock, aus dem ein Würfel herausgeschnitten wurde. Die Dichte von Marmor ist $2,7 \frac{g}{cm^3}$.

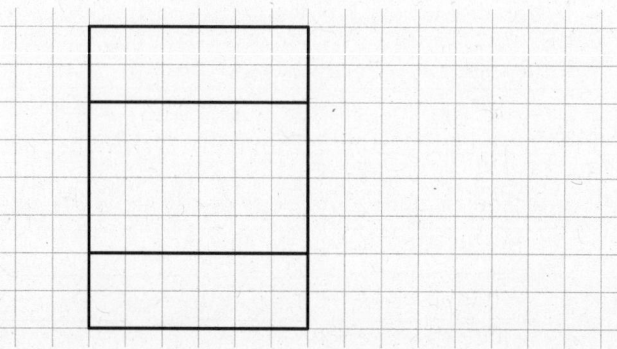

a) Berechne das Volumen des Marmorblocks mit Loch.

V = _____ cm³ = _____ m³

b) Wie viel Tonnen wiegt der Block? Runde auf kg.

m = _____

c) Wie viel kg wiegt der herausgeschnittene Würfel? _____

8. Berechne mit den Tasten x², √ , yˣ , ˣ√ ... des Taschenrechners die fehlenden Werte. Runde auf Hundertstel.

Zahl	a)	b)	c)	d)	e)	f)	g)
x	3,75	0,95	0,52				
x²				2,50	0,68		
x³						10,1	0,34

1. Ergänze jede Formel zur Berechnung eines Prismas mit einem passenden Term, der bei der Zeichnung rechts steht.

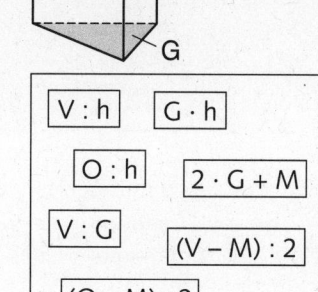

a) V = _____   b) O = _____   c) h = _____   d) G = _____

2. Berechne die fehlenden Werte des Prismas. Runde, wenn nötig, auf Hundertstel.

	a)	b)	c)	d)	e)
Höhe h (m)	3,7	0,95			1,2
Grundfl. G (m²)	4,0	1,05	2,50	0,68	
Volumen V (m³)			2,60	9,20	3,6
Mantelfl. M (m²)	8,5	3,25	4,50	7,80	8,0
Oberfl. O (m²)					

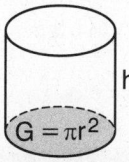

$$V : h \quad G \cdot h$$
$$O : h \quad 2 \cdot G + M$$
$$V : G$$
$$(V - M) : 2$$
$$(O - M) : 2$$
$$O - 2 \cdot G$$

3. Ergänze jede Formel zur Berechnung eines Zylinders mit einem passenden Term, der bei der Zeichnung rechts steht.

a) V = _____   b) O = _____   c) h = _____   d) M = _____

$$G = \pi r^2$$

4. Berechne die fehlenden Werte des Zylinders. Runde, wenn nötig, auf Hundertstel.

	a)	b)	c)	d)	e)
Höhe h (m)	3,7	0,95			1,2
Grundfl. G (m²)	4,0	1,05	2,50	0,68	
Volumen V (m³)			2,60	9,20	3,6
Mantelfl. M (m²)	8,5	3,25	4,50	7,80	8,0
Oberfl. O (m²)					

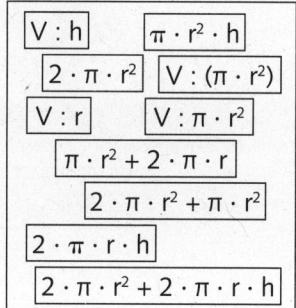

$$V : h \quad \pi \cdot r^2 \cdot h$$
$$2 \cdot \pi \cdot r^2 \quad V : (\pi \cdot r^2)$$
$$V : r \quad V : \pi \cdot r^2$$
$$\pi \cdot r^2 + 2 \cdot \pi \cdot r$$
$$2 \cdot \pi \cdot r^2 + \pi \cdot r^2$$
$$2 \cdot \pi \cdot r \cdot h$$
$$2 \cdot \pi \cdot r^2 + 2 \cdot \pi \cdot r \cdot h$$

5. Berechne das Volumen. Runde, wenn nötig, auf ganze cm³.

a) Prisma mit einer Grundfläche von 45 cm² und einer Höhe von 6,2 cm. V = _____
   18

b) Zylinder mit einem Radius von 10 cm und einer Höhe von 34 cm. V = _____
   16

6. Berechne das Volumen und die Oberfläche des Körpers (Maße in m). Runde auf Zehntel m².

a) Zylinder

   Volumen V = _____

   Oberfläche O = _____

b) Prisma

   Volumen V = _____

   Oberfläche O = _____

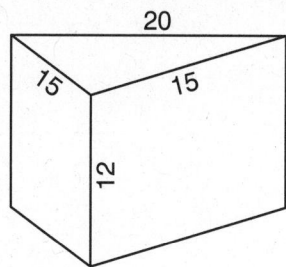

7. Aus einer quaderförmigen Steinsäule ist ein zylindrisches Loch ausgebohrt. Berechne, wie schwer die ausgebohrte Säule ist (Dichte 2,5 $\frac{g}{cm^3}$). Runde auf ganze kg.

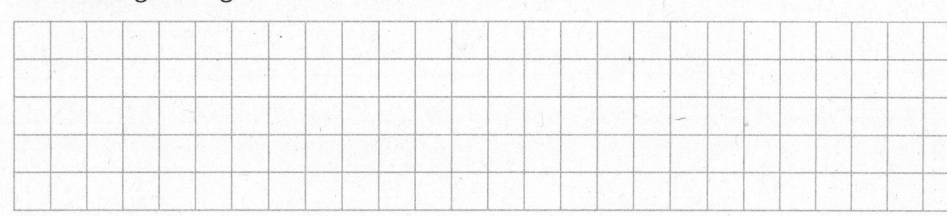

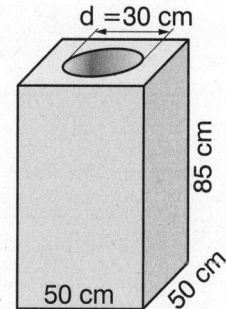

1. a) Zeichne das Netz der quadratischen Pyramide.

b) Bestimme die gesuchten Größen.

M = _____ = _____

O = _____ = _____

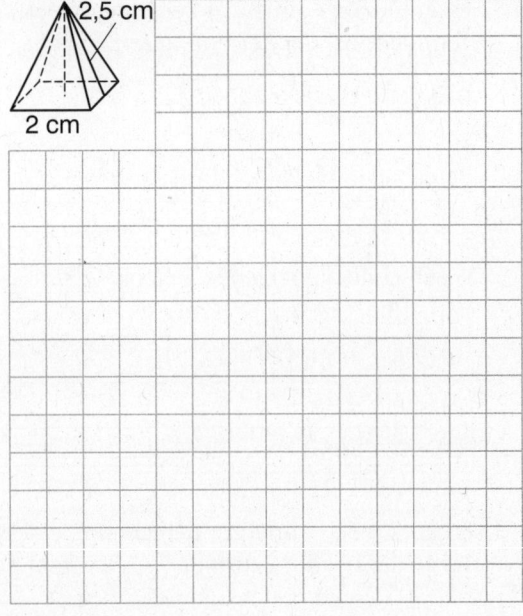

2. a) Eine quadratische Pyramide hat die Grundkantenlänge a = 10 cm und die Höhe h = 10 cm. Wie oft passt ihr Volumen in das eines Würfels mit a = 10 cm?

Antwort: _____

b) Ein Kegel hat den Durchmesser d = 10 cm und die Höhe h = 10 cm. Wie oft passt sein Volumen in das eines Zylinders mit d = 10 cm und h = 10 cm?

Antwort: _____

3. Berechne jeweils die Mantelfläche und die Oberfläche des Körpers mit dem abgebildeten Netz. Runde auf cm².

a)
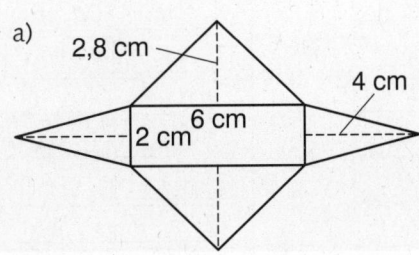

b)
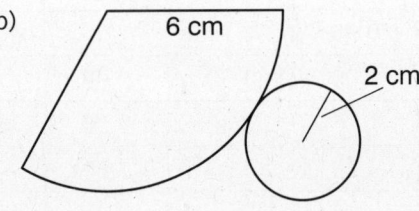

c)
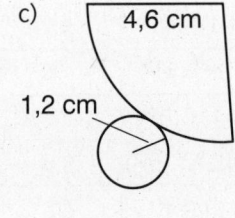

M = _____ [7]

O = _____ [10]

M = _____ [11]

O = _____ [5]

M = _____ [8]

O = _____ [4]

4. Vervollständige jeweils die Tabelle. Runde auf Hundertstel.

a) Quadratische Pyramide

a	2,4 m	7,50 cm		
h	3,2 m	3,30 cm	7,4 dm	
h_s	3,4 m		7,7 dm	
M				13,44 m²
O		131,25 cm²		23,68 m²
V			41,5 dm³	4,78 m³

b) Kegel

r	3,0 cm		4,6 mm	
s	5,0 cm	9,5 m		
h	4,0 cm	8,5 m	2,8 mm	
M		125,35 m²		801,1 dm²
O			144,5 mm²	1 508,0 dm²
V				1 885,0 dm³

5. Berechne jeweils die fehlenden Größen der Kugel. Runde auf ganze Meter.

a) r = 5 m ;   O = _____ [8] ;   V = _____ [11]

b) d = 18 m ;   O = _____ [10] ; V = _____ [12]

c) O = 2 120 m² ; r = _____ [4] ; V = _____ [14]

d) V = 4 189 m³ ; r = _____ [1] ; O = _____ [15]

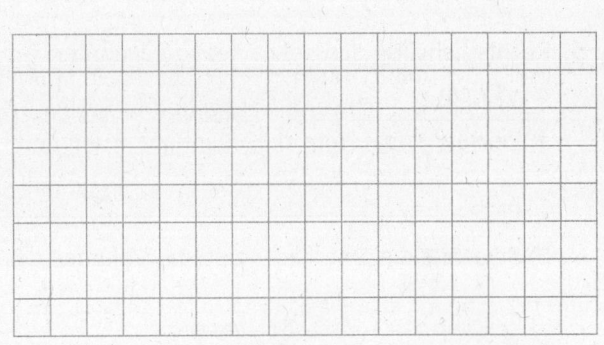

1. Im rechtwinkligen Dreieck mit den Katheten a, b und der Hypotenuse c gilt der Satz des Pythagoras: $a^2 + b^2 = c^2$.

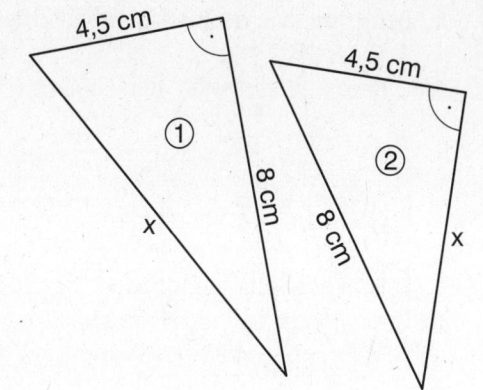

   a) Entscheide zu welchem Dreieck die Gleichung passt.

      $8^2 - 4{,}5^2 = x^2$ passt zum Dreieck _____

      $8^2 + 4{,}5^2 = x^2$ passt zum Dreieck _____

   b) Berechne die fehlende Seitenlänge im

      Dreieck (1): _____   Dreieck (2): _____

2. Berechne jeweils die fehlenden Größen des Kegels.

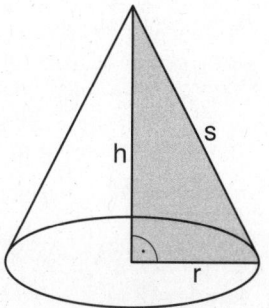

	r	s	h	M	O	V
a)	3,0 cm	4,0 cm				
b)	5,2 m		8,4 m			
c)		23,5 mm	20,2 mm			
d)			12,3 dm			2936,9 dm³

3. Berechne jeweils die fehlenden Größen der quadratischen Pyramide.

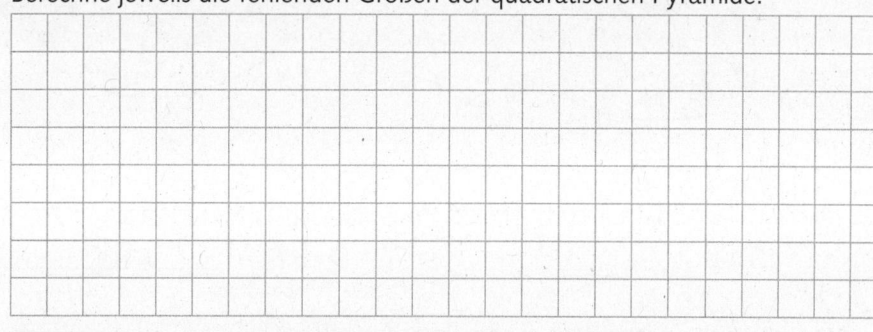

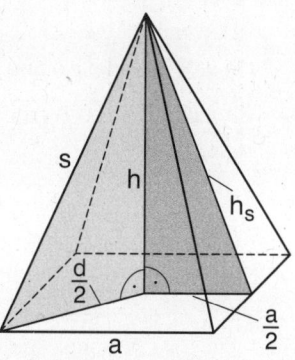

	a	d	s	h_s	h	M	O	V
a)	12,0 m			16,0 m				
b)	3,5 dm				4,5 dm			
c)		9,8 mm	10,4 mm					

4. In den rechts abgebildeten Würfel sollen verschiedene Körper mit maximalem Volumen hineingesetzt werden. Berechne jeweils Volumen und Oberfläche der hineingesetzten Körper. Runde auf cm² bzw. cm³.

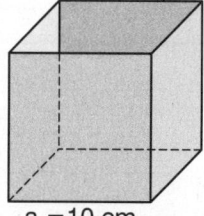

a = 10 cm

   a) Kegel: $V =$ _____ [10] ; $O =$ _____ [11]

   b) Pyramide: $V =$ _____ [9] ; $O =$ _____ [9]

5. Rechts siehst du das Netz eines so genannten Tetraeders mit a = 15 cm und h = 12 cm.

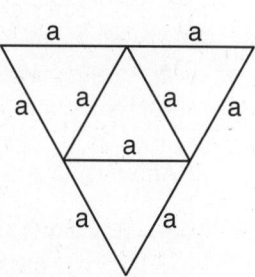

   a) Zeichne in das Netz die Seitenhöhe h_s ein und berechne ihre Länge.

      $h_s =$ _____

   b) Berechne die Oberfläche und das Volumen des Tetraeders.

      $O =$ _____ [12] $V =$ _____ [11]

1. Berechne Volumen und Oberfläche des zusammengesetzten Körpers (alle Maße in cm). Runde auf cm³ bzw. cm².

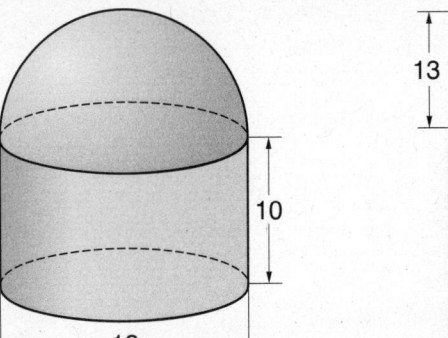

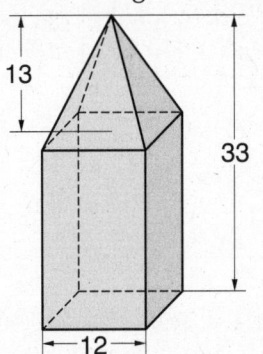

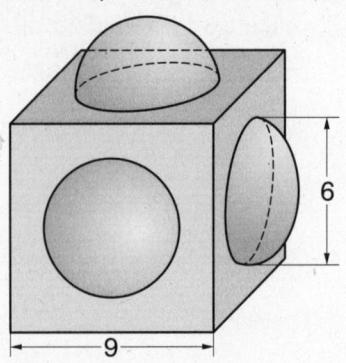

V = _____ 13

O = _____ 15

V = _____ 12

O = _____ 17

V = _____ 15

O = _____ 17

2. Berechne Volumen und Oberfläche des ausgehöhlten Körpers (alle Maße in cm). Runde auf cm³ bzw. cm².

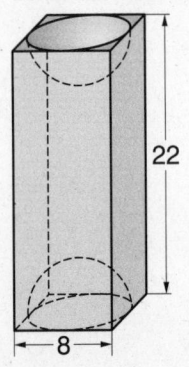

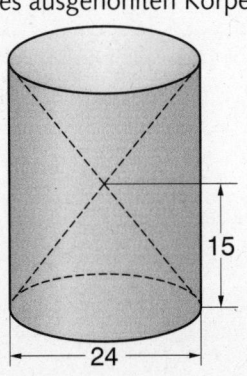

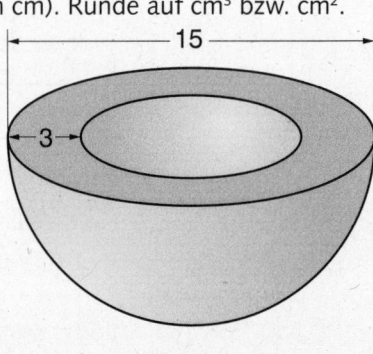

V = _____ 6

O = _____ 14

V = _____ 21

O = _____ 11

V = _____ 18

O = _____ 18

3. Ein Senklot aus Eisen hat die nebenstehend abgebildeten Maße. Berechne seine Masse (Dichte von Eisen $\rho = 7,8 \frac{g}{cm^3}$). Runde auf g.

Antwort: _____

4. Ein Zirkuszelt soll die Form eines Zylinders mit aufgesetztem Kegel haben. Der Zylinder soll einen Radius von 21 m haben und 11 m hoch sein. Die Gesamthöhe des Zelts soll 15 m betragen. Welcher Preis muss für die Zeltplane gezahlt werden, wenn 1 m² Stoff 6,20 € kostet?

$h_1 = 44$ mm

$h_2 = 12$ mm

d = 25 mm

Antwort: _____

5. Reagenzgläser setzen sich aus einer Halbkugel mit aufgesetztem Zylinder zusammen. Ein Reagenzglas besitzt die Höhe 160 mm und den Innendurchmesser 16 mm.

a) Erstelle rechts eine beschriftete Skizze.

b) Wie viel ml Wasser passen insgesamt in das oben beschriebene Reagenzglas? Runde auf ml.

Antwort: _____

c) Das Reagenzglas wird mit 8 ml Wasser befüllt. Berechne die Höhe des Wasserstands. (Hinweis: Berechne Halbkugel und Zylinder einzeln.) Runde auf mm.

Antwort: _____

1. Quadratzahlen sind spezielle Potenzen mit dem Exponenten (Hochzahl) 2. Kubikzahlen sind Potenzen mit dem Exponent 3. Du kennst sie von der Würfelberechnung. Ergänze die Tabelle mit den fehlenden Werten für a (Seite in cm), a^2 (Flächeninhalt in cm²) bzw. a^3 (Volumen in cm³) eines Würfels.

	a)	b)	c)	d)	e)	f)	g)	h)	i)	j)
a	4	5	12	1,2						
a^2					36	0,81	100	400		
a^3									8 000	27 000

2. Achtung: $4 \cdot 3^2 = 36$, aber $(4 \cdot 3)^2 = 144$. Achte also auf die Klammersetzung.

a) $2 \cdot 3^2 =$ _____   b) $(2 \cdot 3)^2 =$ _____   c) $2 \cdot 3^3 =$ _____   d) $(2 \cdot 3)^3 =$ _____

3. Runde das Ergebnis auf Hundertstel.

a) $2,5 \cdot 1,8^2 =$ _____   b) $(2,5 \cdot 1,8)^2 =$ _____   c) $2,5 \cdot 1,8^3 =$ _____   d) $(2,5 \cdot 1,8)^3 =$ _____

4. Ein Waldbestand von 1 000 ha wächst jedes Jahr um 5 %. Dann gibt es nach einem Jahr 105 % von 1 000 ha oder $1,05 \cdot 1\,000$ ha, nach 2 Jahren $1,05 \cdot 1,05 \cdot 1\,000$ ha, nach 3 Jahren …
a) Ergänze die Tabelle. Runde die Ergebnisse für die Waldfläche auf ganze ha.

nach Jahren	Beginn	1	2	3	4	5
Term	1 000	$1,05 \cdot 1\,000$	$1,05^2 \cdot 1\,000$	$1,05^3 \cdot 1\,000$	$1,05^4 \cdot 1\,000$	$1,05^5 \cdot 1\,000$
Waldbestand (ha)	1 000					

b) Berechne den Waldbestand nach 10 Jahren: _____ ; nach 20 Jahren: _____

₁₈   ₁₆

5. Durch Waldrodung schrumpft ein Waldbestand von 1 000 ha jedes Jahr um 10 %. Dann gibt es nach einem Jahr 90 % von 1 000 ha oder $0,9 \cdot 1\,000$ ha. Nach 2 Jahren $0,9 \cdot 0,9 \cdot 1\,000$ ha.
a) Ergänze die Tabelle. Runde die Ergebnisse für die Waldfläche auf ganze ha.

nach Jahren	Beginn	1	2	3	4	5
Term	1 000	$0,9 \cdot 1\,000$	$0,9^2 \cdot 1\,000$	$0,9^3 \cdot 1\,000$	$0,9^4 \cdot 1\,000$	$0,9^5 \cdot 1\,000$
Waldbestand (ha)	1 000					

b) Berechne den Waldbestand nach 10 Jahren: _____ ; nach 20 Jahren: _____

₁₆   ₅

c) Wie viel Prozent von 1 000 ha sind nach 20 Jahren Waldrodung noch übrig? _____

6. Die „Umkehr-Rechnung" zum Quadrieren (x^2) einer Zahl (x) ist die Berechnung der Quadrat-Wurzel ($\sqrt{\ }$). Zur Berechnung von Potenzen haben Taschenrechner die Taste y^x, für deren „Umkehrung" die Tasten $\sqrt{\ }$ oder $\sqrt[x]{y}$. Teste deinen Taschenrechner. Ergänze die fehlenden Zahlen, die du sicherlich im Kopf berechnen kannst.

a) $2^3 =$ _____   b) $\sqrt[3]{8} =$ _____   c) $2^5 =$ _____   d) $\sqrt[5]{32} =$ _____

e) $5 \cdot 2^3 =$ _____   f) $\sqrt[3]{(40 : 5)} =$ _____   g) $5 \cdot 2^5 =$ _____   h) $\sqrt[5]{(160 : 5)} =$ _____

7. a) $1,03^{10} \cdot 2\,500\ € =$ _____   b) $1,06^{10} \cdot 1\,250\ € =$ _____   c) $1,06^{10} \cdot 2\,500\ € =$ _____

   $1,03^{11} \cdot 250\ € =$ _____ $1,06^9 \cdot 12\,500\ € =$ _____ $1,06^{11} \cdot 2\,500\ € =$ _____

8. Runde wenn nötig auf Zehntel.

a) $\sqrt{1\,000} =$ _____   b) $\sqrt[3]{1\,000} =$ _____   c) $\sqrt[4]{10\,000} =$ _____

d) $\sqrt{(1\,000 : 5)} =$ _____   e) $(\sqrt[3]{1\,000}) \cdot \frac{1}{5} =$ _____   f) $\frac{1}{2} \cdot \sqrt[4]{10\,000} =$ _____

1. Rechne so viele Aufgaben, wie du kannst, im Kopf und auch mit dem Taschenrechner.

	Kopfrechen-Ergebnis	Anzeige im Taschenrechner
$1\,000 \cdot 1\,000 \cdot 1\,000$		
$1\,000 \cdot 1\,000 \cdot 1\,000 \cdot 1\,000$		
$2\,000 \cdot 2\,000 \cdot 2\,000 \cdot 2\,000$		
$0,000001 : 1\,000$		
$0,000001 : 1\,000\,000$		
$0,000015 : 1\,000\,000$		

2. Ergänze die Zahlschreibweisen.

	a)	b)	c)	d)	e)
mit Worten	Zehntausend	eine Million			
mit Ziffern			$100\,000$		
als Zehnerpotenz	10^4			10^6	$3 \cdot 10^9$

3. Ergänze die fehlenden Zahlen.

a) $200 \cdot 500 =$ _____ $= 10$___

b) $3\,000 \cdot 5\,000 =$ _____ $= 1,5 \cdot 10$___

c) $200 \cdot$ _____ $= 2\,000\,000 = 2 \cdot 10$——

d) $7\,000 \cdot$ _____ $= 7$ Mio. $= 7 \cdot 10$——

e) $2,4 \cdot 10^6 : 100 =$ _____ $: 100 =$ _____

f) $3,6 \cdot 10^9 : 400 =$ _____ $: 400 =$ ____

4. Die Anzahl der Tipp-Möglichkeiten beim LOTTO sind in vielen Ländern unterschiedlich. In Deutschland sind es $13\,983\,816$. Ergänze in der Tabelle die fehlenden Werte.

Deutschland „6 aus 49"	$\dfrac{49 \cdot 48 \cdot 47 \cdot 46 \cdot 45 \cdot 44}{2 \cdot 3 \cdot 4 \cdot 5 \cdot 6}$	$13.983.816$ ≈ 14 Mio. $= 1,4 \cdot 10$___
Österreich „6 aus 45"	$\dfrac{45 \cdot 44 \cdot 43 \cdot 42 \cdot 41 \cdot 40}{2 \cdot 3 \cdot 4 \cdot 5 \cdot 6}$	$8\,145\,060$ $\approx$ _____ Mio. $=$ _____ $\cdot 10$___
Schweden „7 aus 35"	$\dfrac{35 \cdot 34 \cdot 33 \cdot 32 \cdot 31 \cdot 30 \cdot 29}{2 \cdot 3 \cdot 4 \cdot 5 \cdot 6 \cdot 7}$	_____ $\approx$ _____ Mio. $=$ _____ $\cdot 10$___

5. Ergänze: Die Erdbevölkerung war 1950 etwa 2,5 Mrd. $= 2,5 \cdot 10$___. Zu Beginn des Jahres 2012 lebten 4,41 Mrd. Menschen mehr auf unserem Planeten. Das waren also 2012 bereits _____ Mrd. $=$ ____ $\cdot 10$__ .

6. Ergänze:

a) 1 Mio. $\cdot$ _____ $= 10$ Mrd.

b) $1,5 \cdot 10^6 \cdot$ _____ $= 1,5 \cdot 10^{11}$

c) 20 Mrd. $:$ _____ $= 1$ Mio.

d) $2,1 \cdot 10^{10} :$ _____ $= 2,1 \cdot 10^6$

7. Als Ergebnis für $1\,234 : (1\,000\,000)^2$ zeigt Kais Taschenrechner an: $1.234_{10}{}^{-9}$. Das ist dessen Darstellung von $0,000000001234$ in der Standardschreibweise $1,234 \cdot 10^{-9}$.

a) Ergänze: $0,0001 =$ _____ $\cdot 10$___; $\quad 0,000002 =$ _____ $\cdot 10$___; $\quad 0,000000123 =$ _____ $\cdot 10$___

b) Berechne die Wahrscheinlichkeit, mit einem LOTTO-Tipp alle „6 Richtigen" zu tippen (vgl. Aufgabe 4)

im Deutschen Lotto: $1 : 13\,983\,816 \approx$ _____ $\cdot 10$___

im Österreichischen Lotto: $1 :$ _____ $\approx$ _____ $=$ _____ $\cdot 10$___

1. Alle Preise werden erhöht. Berechne die fehlenden Werte. Runde die Preise auf Cent.

	a)	b)	c)
Alter Preis	125,90 €	99,95 €	379,00 €
Erhöhung um	15 %	12 %	9 %
Faktor	1,15		
Neuer Preis			

Wachstumsrate p% – Wachstumsfaktor q
Beispiele:
(1) Preiserhöhung um 15 %   W.Rate p % = 15 %
   W.Faktor q = 100 % + 15 % = 1 + 0,15 = 1,15
   Neuer Preis = Alter Preis · 1,15
   Alter Preis = Neuer Preis : 1,15

(2) Preisnachlass (Rabatt) um 15 %
   W.Faktor q = 100 % – 15 % = 85 % = 0,85
   Neuer Preis = Alter Preis · 0,85

2. Auf den Preis (1 890 €) eines Mofas erhält Anna einen Rabatt von 15 %. Was zahlt Anna dann? _____

3. a) Bisher kostete ein Kleid 79,80 €. Wie teuer ist es nach einer Erhöhung um 12 %? _____

b) Bisher kostete eine Hose 129,80 €. Jetzt gibt es einen Rabatt von 18 %. Neuer Preis: _____

c) Zum Nettopreis von 38,90 € kommt die Mehrwertsteuer von 19 % hinzu. Bruttopreis: _____

d) Bisher kostete ein Mofa 2 290 €, jetzt ist es um 458 € billiger. Rabatt? _____

4. Die Mehrwertsteuer (MWSt) beträgt 19 % des Nettopreises. Berechne den Bruttopreis. Es gibt zwei Rechenwege: (1) Brutto = Netto + MWSt   und   (2) Brutto = Netto · 1,19.

	a)	b)	c)	d)
Netto (in €)	1 000	28,50	3 057,90	10 480,50
(1) MWSt (in €)	190			
Brutto (in €)	1 190			
(2) Faktor	1,19	1,19		
Brutto (in €)				

5. a) Ein Preisanstieg um 20 % entspricht einem Preiswachstum mit dem Faktor _____

b) Ein Preisanstieg um 50 % entspricht einem Preiswachstum mit dem Faktor _____

c) Ein Preisanstieg um _____ % entspricht einer Verdopplung des Preises.

d) Ein Preisnachlass um 25 % entspricht einer Preisabnahme mit dem Faktor _____

e) Ein Preisnachlass um _____ % entspricht einer Halbierung des Preises.

6. Beachte den Unterschied in den beiden Aufgaben-Texten. Berechne die Ergebnisse.
a) (1) Der Preis von 5 000 € stieg in 10 Jahren **um** 150 %. Neuer Preis nach 10 Jahren: _____

(2) Der Preis von 5 000 € stieg in 10 Jahren **auf** 150 %. Neuer Preis nach 10 Jahren: _____

b) (1) Der Preis von 5 000 € fiel in 10 Jahren **um** 60 %. Neuer Preis nach 10 Jahren: _____

(2) Der Preis von 5 000 € fiel in 10 Jahren **auf** 60 %. Neuer Preis nach 10 Jahren: _____

7. Bestimme die fehlenden Einwohnerzahlen. Runde auf Tausend.
A-Stadt: Im Jahr 1990 waren es 137 000, im Jahr 2000 waren es 10 % mehr, d. h. _____.

Im Jahr 2010 lebten 20 % mehr Menschen als 2000 dort, d. h. _____.

B-Stadt: Im Jahr 1990 waren es 980 000, Im Jahr 2000 waren es 8 % weniger, d. h. _____.

Im Jahr 2010 lebten aber wieder 8 % mehr Menschen als 2000 dort, d. h. _____.

1. Ein Kapital von 1 000 € wird mit einem Jahreszins-satz von 4 % für mehrere Jahre verzinst. Die Zinsen vergrößern jährlich das Kapital und werden dann mitverzinst. Beachte das Beispiel rechts.
   a) Ergänze die Rechnungen bis zum 6. Jahr. Runde auf ganze Eurobeträge.
   b) Nach wie viel Jahren ist das Kapital größer als 1 260 €, größer als 1 500 €?

   Nach _____ bzw. _____ Jahren

Endkapital = Zinsfaktor$^{\text{Anzahl Jahre}}$ · Kapital					
Beispiel:					
Kapital = 1 000 € Zinssatz = 4 %					
Dann ist der Zinsfaktor 104 % = 1,04.					
Das Kapital wächst jedes Jahr mit dem Faktor 1,04.					
Kapital nach					
1 Jahr:	1 000 € · 1,04 = 1 040 €				
2 Jahren:	1 000 € · 1,04^2 ≈ 1 081 €				
3 Jahren:	1 000 € · 1,04^3 ≈ 1 125 €				
4 Jahren:	1 000 € ·				

2. Berechne das Endkapital, runde auf Euro.
   a) Anfangskapital 1 000 €, Zinssatz 3 %;

   Kapital nach 5 Jahren _____ $_{16}$, 10 Jahren _____ $_{12}$
   b) Anfangskapital 2 000 €, Zinssatz 3 %;

   Kapital nach 5 Jahren _____ $_{15}$, 10 Jahren _____ $_{24}$

3. Ergebnisse stehen im Kasten (€-Beträge ganzzahlig gerundet).

   a) Ein Anfangskapital von 5 000 € wird mit einem Jahreszinssatz von 5 % nach

   3 Jahren ausgezahlt. Das Endkapital beträgt _____ .

   b) Ein Anfangskapital von 10 000 € wird mit einem Jahreszinssatz von 2,5 % nach

   3 Jahren ausgezahlt. Das Endkapital beträgt _____ .

   c) Ein Anfangskapital von 10 000 € wird mit einem Jahreszinssatz von 6 % nach

   5 Jahren ausgezahlt. Das Endkapital beträgt _____ .

   d) Ein Anfangskapital von 10 000 € wird mit einem Jahreszinssatz von 6 % nach

   10 Jahren ausgezahlt. Das Endkapital beträgt _____ .

> 10 769 €
> 13 382 €
> 6 381 €
> 5 788 €
> 17 908 €
> 8 144 €
> 5 796 €

4. Entscheide durch Probieren mit den Auswahl-Ergebnissen (€-Beträge ganzzahlig gerundet).

   a) Ein Anfangskapital von _____ € wird mit einem Jahreszinssatz von 5 % nach
   3 Jahren ausgezahlt. Das Endkapital beträgt 2 315 €.

   b) Ein Anfangskapital von _____ € wird mit einem Jahreszinssatz von 2,5 % nach
   3 Jahren ausgezahlt. Das Endkapital beträgt 6 461 €.

   c) Ein Anfangskapital von _____ € wird mit einem Jahreszinssatz von 6 % nach
   5 Jahren ausgezahlt. Das Endkapital beträgt 8 163 €.

   d) Ein Anfangskapital von _____ wird mit einem Jahreszinssatz von 6 % nach
   10 Jahren ausgezahlt. Das Endkapital beträgt 3 403 €.

> Auswahl-Ergebnisse
> 1 900 €   2 000 €
> 2 100 €
> 5 788 €   5 900 €
> 6 000 €   6 100 €
> 17 908 €
> 19 000 €

5. Entscheide durch Probieren mit den Auswahl-Ergebnissen (€-Beträge ganzzahlig gerundet).

   a) Ein Anfangskapital von 1 000 € wird mit einem Jahreszinssatz von 5 % nach

   _____ Jahren ausgezahlt. Das Endkapital beträgt 1 340 €.

   b) Ein Anfangskapital von 2 000 € wird mit einem Jahreszinssatz von 2,5 % nach

   _____ Jahren ausgezahlt. Das Endkapital beträgt 2 263 €.

   c) Ein Anfangskapital von 4 000 € wird mit einem Jahreszinssatz von 6 % nach

   _____ Jahren ausgezahlt. Das Endkapital beträgt 7 163 €.

> Auswahl-Ergebnisse
> Anzahl Jahre:
> 2   3
> 4   5
> 6   7   8
> 9   10

1. Am 25.01.2012 zeigte die Weltbevölkerungsuhr (http://www.weltbevoelkerung.de/) um 10:30 Uhr an, dass 7 019 552 520 Menschen auf unserer Erde leben. Um 10:40 Uhr waren es 7 019 554 090 Erdbewohner.

    a) Wie viele Menschen waren es nach den 10 Minuten mehr? _____

    b) Berechne die Zunahme in 1 Sekunde _____, in 1 Stunde _____, an 1 Tag _____.

    c) Kreuze die passende Aussage an:
       Bei der Berechnung in Aufgabe b) wurde angenommen, dass in gleichen Zeitabschnitten
       (1) die Erdbevölkerung um die gleiche Anzahl zunimmt ☐
       (2) die Erdbevölkerung um den gleichen Prozentsatz wächst ☐

    d) Kreuze alle richtigen Angaben an.
       Die Erdbevölkerung war am 25.01.2012 ca.
       (1) 7 Mio. ☐   (2) 7 Mrd. ☐   (3) $7 \cdot 10^6$ ☐   (4) $7 \cdot 10^8$ ☐   (5) $7 \cdot 10^9$ ☐

2. Am 2. November 2011 zeigte die Weltbevölkerungsuhr um 10:50 Uhr ca. 7 Mrd. 440 Tausend an.

    a) Wie viele Tage liegen zwischen dem 2.11.2011 und dem 25.01.2012? _____

    b) Berechne wie viele Menschen am 2.11.2011 weniger lebten als am 25.01.2012.

       Runde den Unterschied auf Zehntausend. _____

3. Statistiker rechnen damit, dass in Zukunft immer mehr Menschen auf unserer Erde leben werden. Manche Prognosen rechnen mit 1 % bis 2 % Zuwachs pro Jahr bis 2050. Berechne die fehlenden Tabellenwerte für die Erdbevölkerung (gerundet auf Mio.) unter den drei verschiedenen Annahmen:
   (1) 1 % Wachstumsrate pro Jahr
   (2) 2 % Wachstumsrate pro Jahr
   (3) jedes Jahr sind es 83 Mio. mehr Menschen
   Wie groß ist der Unterschied zwischen dem größten und dem kleinsten Prognosewert für das Jahr 2050?

Weltbevölkerung (in Millionen)

Jahr	(1) 1 %-Rate	(2) 2 %-Rate	(3) + 83 Mio.
2012	7 020	7 020	7 020
2015	7 233	7 450	7 269
2025			
2030			
2035			
2040			
2045			
2050			

4. Die Weltbevölkerung stieg in den letzten Jahrhunderten unterschiedlich schnell.

    a) Lies aus der Grafik die Zahlen ab. Ergänze die Tabelle auch mit den (gerundeten) Prozentsätzen für den Zuwachs in den jeweiligen 50-Jahre-Abständen.

Jahr	Menschen (Millionen)	Zuwachs
1800	910	– / –
1850	1 260	38 %
1900		
1950		
2000		
2050 (Prognose)	11 500	

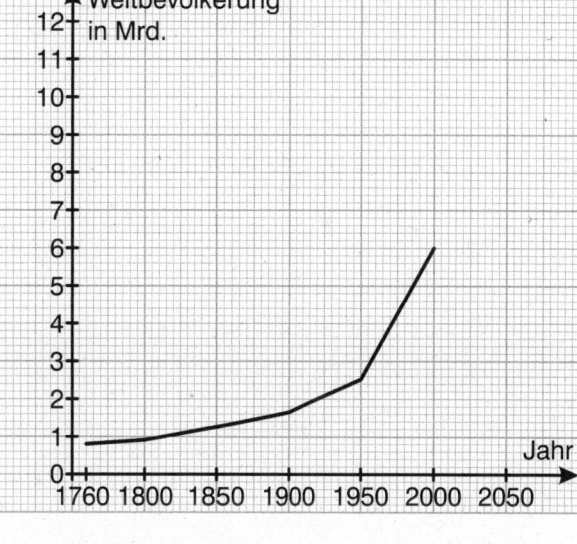

    b) Trage in die Grafik einen Punkt für das Jahr 2050 ein.

1. Ein Bäcker lässt seine neuen Vitalbrötchen von Kunden bewerten. Folgende Bewertungen wurden abgegeben:

   ☺, ☺, ☺, ☹, ☺, ☺, ☺, ☺, ☹, ☺, ☺, ☹, ☺, ☺, ☺, ☺, ☺, ☹, ☺, ☺, ☺, ☺, ☺, ☹, ☺, ☺, ☺, ☺, ☺, ☺, ☹, ☺

   a) Ordne die Bewertungen sinnvoll.

   _____

   b) Bestimme den Median. Sind die Brötchen empfehlenswert?

   Antwort: _____

   c) Ändere den Datensatz so ab, dass die Berechnung eines Mittelwerts möglich ist. Berechne dann den Mittelwert. (Tipp: Rechne mit 0 für ☺, 1 für ☺, -1 für ☹.)

   Antwort: _____

2. Familie Fink hat auf ihrer zweiwöchigen Urlaubsreise jeden Tag ihre Urlaubsausgaben notiert, ebenso hat es die befreundete Familie Klein gemacht, die neun Tage unterwegs war.

Tag	1	2	3	4	5	6	7	8	9	10	11	12	13	14
€ (Fink)	38	26	30	21	15	42	26	37	18	30	22	27	36	31
€ (Klein)	24	45	20	19	43	22	25	40	41					

   a) Familie Fink hatte pro Tag 33 Euro für Ausgaben eingeplant. Da sie weniger ausgegeben haben als geplant, wollen sie vom gesparten Geld gemeinsam essen gehen. Wie teuer darf das Essen werden?

   Antwort: _____

   b) Bestimme die Werte, mit denen du die Ausgaben der beiden Familien vergleichen kannst.

	Spannweite	Median	Mittelwert
Familie Fink			
Familie Klein			

   c) Welche Familie war auf ihrer Reise sparsamer? Begründe deine Antwort.

   Antwort: _____

   d) Während zur Familie Fink drei Personen gehören, hat Familie Klein ihren Urlaub zu viert verbracht. Ändert diese Tatsache etwas an der Antwort zu Aufgabenteil b)?

   Antwort: _____

3. Burak notiert an verschiedenen Tagen die Zeiten (in Minuten), die er für seinen Schulweg benötigt:
   32, 35, 29, 33, 30, 32, 34, 32, 31, 54, 28, 34, 32, 33

   a) Ermittle folgende Werte:

   Maximum: _____   Minimum: _____   Spannweite: _____

   Modus: _____   Median: _____   Mittelwert: _____

   b) Welcher Wert beschreibt Buraks durchschnittlichen Schulweg am besten? Begründe deine Antwort.

   Antwort: _____

   c) Wie könnte man die Berechnung des Mittelwerts von Buraks Schulwegdauer abändern, so dass der durchschnittliche Schulweg möglichst gut angenähert wird?

   Antwort: _____

1. Die Klassen 10a und 10b haben in jeweils fünf Gruppen auf dem Schulfest Geld für die Klassenkasse gesammelt. Sie haben ihre Einnahmen aufgelistet.

	Gruppe 1	Gruppe 2	Gruppe 3	Gruppe 4	Gruppe 5
10a	70 €	63 €	68 €	74 €	72 €
10b	73 €	72 €	65 €	70 €	

Beim Aufschreiben der Einnahmen ist jedoch ein Fehler passiert. Ein Wert fehlt! Glücklicherweise erinnert sich der Klassensprecher der 10b: „Im Durchschnitt haben die Gruppen beider Klassen den gleichen Betrag gesammelt."

a) Berechne die durchschnittlichen Einnahmen in der 10a.   Mittelwert 10a: _____

b) Die Klassensprecherin der 10b sagt: „Wenn die einzelnen Gruppen der beiden Klassen im Durchschnitt gleich viel gesammelt haben, dann hat die 10a insgesamt genau so viel gesammelt wie die 10b." Hat sie recht?

Antwort: _____

c) Wie viel Geld hat die Gruppe 5 der 10b gesammelt?

Antwort: _____

2. Zoe ist begeisterte Turmspringerin. Bei ihrem letzten Wettkampf hat sie von den sieben Punktrichtern folgende Bewertungen bekommen.

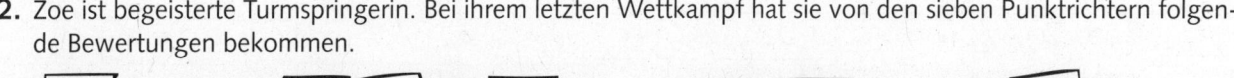

a) Berechne den Mittelwert und den Median und vergleiche sie.

Mittelwert: _____   Median: _____   Vergleich: _____

b) In der Praxis werden beim Turmspringen die beiden besten und die beiden schlechtesten Punktzahlen gestrichen und dann aus den verbleibenden drei Wertungen der Mittelwert gebildet. Begründe, warum dieses Verfahren zu gerechteren Ergebnissen führt.

Antwort: _____

_____

3. Ein Glühbirnenhersteller produziert in seinem Werk Energiesparlampen. Bevor diese in den Vertrieb gehen, müssen sie zunächst einer Qualitätsprüfung unterzogen werden. Von den 50 000 produzierten Birnen werden acht Stichproben zu je 100 Birnen genommen und geprüft. Dabei wird festgestellt, dass einige Energiesparlampen defekt sind.

Stichprobe	1	2	3	4	5	6	7	8
defekte Birnen	6	15	7	3	0	5	6	2

a) Berechne, wie viele Glühbirnen in den entnommenen Stichproben im Mittel aussortiert werden mussten.

Antwort: _____

b) Schätze, wie viele Glühbirnen in der Gesamtproduktion von 50 000 Birnen defekt sind.

Antwort: _____

c) Kannst du dir vorstellen, warum der Hersteller statt der acht Stichproben zu je 100 Glühbirnen nicht direkt eine Stichprobe zu 800 Birnen entnommen hat? Die Daten können dir bei der Erklärung helfen.

Antwort: _____

1. In einem Unternehmen soll eine Übersicht über die momentanen Gehälter der Mitarbeiter erstellt werden. Folgender Datensatz kam dabei zustande (Angaben jeweils in Euro).

840	1490	1375	1920	1170	1585	1810	2305	890	2540
2360	980	1340	930	2340	1340	1040	1905	2530	1345
2505	880	1470	1530	865	925	1520	1330	1845	1925
1395	1935	1150	1385	1915	2095	890	2750	1955	840
1190	2585	1375	1825	2365	1390	2380	875	1365	2195

a) Um die Daten übersichtlich aufzubereiten, erstellen die Mitarbeiter eine Klasseneinteilung. Vervollständige ihre Häufigkeitstabelle, indem du zunächst eine Strichliste erstellst und anschließend die Anzahl einfügst.

Gehaltsübersicht (Mitarbeiter)

Euro	Strichliste	Anzahl
800–1000		
1000–1200		
1200–1400		
1400–1600		
1600–1800		
1800–2000		
2000–2200		
2200–2400		
2400–2600		
2600–2800		

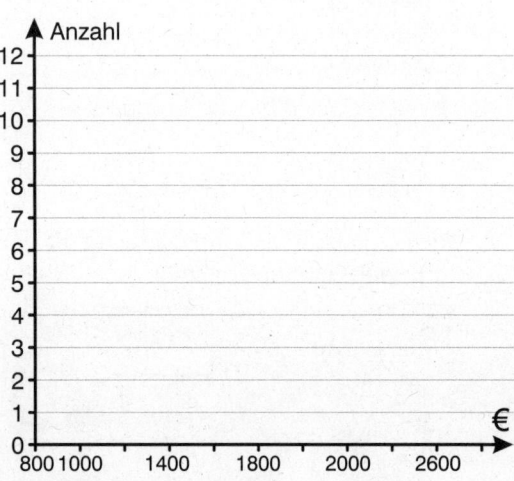

b) Stelle die Häufigkeiten rechts neben der Tabelle grafisch mit einem Säulendiagramm dar.

c) Berechne mit Hilfe der Klasseneinteilung eine Näherung für den Mittelwert aller Gehälter. (Hinweis: Rechne jeweils mit den Klassenmitten.)

Antwort: Der Mittelwert beträgt _____.

d) Als die Mitarbeiter dem Vorstand ihre Ergebnisse präsentieren möchten, zeigt dieser seine eigene Klasseneinteilung vor. Vervollständige die Gehaltsübersicht des Vorstands und berechne auch den Mittelwert, der sich dabei ergibt. Was stellst du fest?

Mittelwert Vorstand: _____

Antwort: _____

Gehaltsübersicht (Vorstand)

Euro	Strichliste	Anzahl
800–1300		
1300–1800		
1800–2300		
2300–2800		

e) Berechne den Mittelwert der Gehälter nun genau. Wessen Klasseneinteilung liefert die bessere Näherung, die des Vorstands oder die der Mitarbeiter?

Antwort: _____

f) Zeichne rechts ein Säulendiagramm mit den Häufigkeiten der Klasseneinteilung des Vorstands. Vergleiche das Diagramm mit dem aus Aufgabenteil b)

Antwort: _____

_____

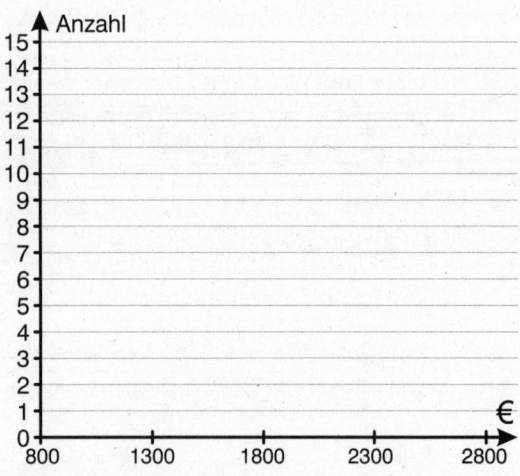

1. Nach verschiedenen Untersuchungen werden bei gesunder Ernährung 50 % des menschlichen Energiebedarfs über Kohlenhydrate, 35 % über Fette und 15 % über Proteine bereitgestellt. Stelle diesen Sachverhalt in einem Streifendiagramm dar.

2. Der durchschnittliche private Wasserverbrauch eines Deutschen beträgt 116 Liter pro Tag. In der Tabelle siehst du, wie sich der Verbrauch auf verschiedene Bereiche aufgliedert.

a) Stelle die Daten in einem Säulendiagramm dar.

Duschen und Baden	39 ℓ
Toilette	34 ℓ
Waschen und Spülen	22 ℓ
Körperpflege	7 ℓ
Wohnung und Auto	7 ℓ
Garten	4 ℓ
Essen und Trinken	3 ℓ

b) Berechne die prozentualen Anteile der verschiedenen Bereiche am Gesamtverbrauch und stelle sie in einem Kreisdiagramm dar.

Duschen und Baden: _____

Toilette: _____

Waschen und Spülen: _____

Körperpflege: _____

Wohnung und Auto: _____

Garten: _____

Essen und Trinken: _____

c) Welche der drei Darstellungen (Tabelle, Säulen- oder Kreisdiagramm) erscheint dir am geeignetsten, um möglichst schnell einen Überblick über die Zusammensetzung des durchschnittlichen Wasserverbrauchs zu gewinnen? Begründe deine Antwort.

Antwort: _____

_____

3. Bei einer Umfrage gaben Jugendliche an, wie viel Zeit sie im Internet mit welchen Tätigkeiten verbringen.

a) Eine Säule für „Unterhaltung" fehlt. Zeichne diese in das Diagramm.

b) In einer Zeitung ist zu lesen: „Nur noch 15 % der Jugendlichen nutzen das Internet zur Informationssuche!" " Was meinst du dazu?

Antwort: _____

_____

1. Die Grafik veranschaulicht die in den Jahren 2005 und 2010 verkauften Mengen an Schokolade in Schleck-hausen. Der Großteil des Absatzes teilt sich auf die drei führenden Hersteller Süßland, Naschwelt und Zucker-könig, die restlichen Hersteller sind unter „Sonstige" zusammengefasst.

a) Wie viele Tonnen Schokolade wurden 2005 bzw. 2010 insgesamt in Schleckhausen verkauft?

2005: _____   2010: _____

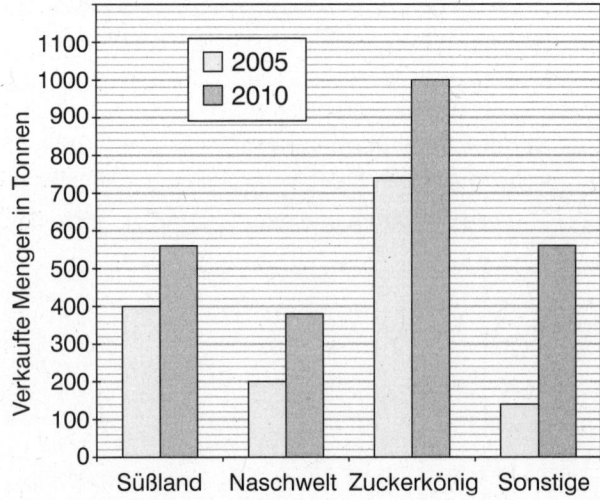

b) Welcher der drei großen Hersteller kann die größte Verkaufssteigerung, angegeben in Tonnen, aufweisen?

Antwort: _____

c) Berechne für die drei großen Firmen die jeweilige prozentuale Verkaufssteigerung. Wer schneidet dabei am besten ab?

Antwort: _____

d) Berechne den prozentualen Anteil des Zuckerkönigs an der verkauften Schokolade 2005 bzw. 2010.

in 2005 verkauft: _____   in 2010 verkauft: _____

Was sollte der Manager der Schokoladenabteilung dem Besitzer des Zuckerkönigs in seinem Jahres-abschlussbericht schreiben?

Antwort: _____

2. Ein Autohersteller hat den Verbrauch seines Kleinwagens BXT III S von 5 Litern auf 4 Liter je 100 km gesenkt und wirbt mit dem Plakat links.

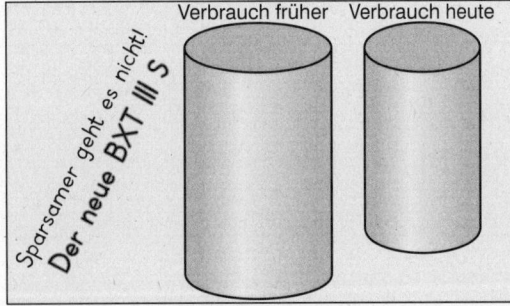

a) Warum vermittelt die Abbildung einen richtigen/falschen Eindruck? Nimm Stellung.

Antwort: _____

_____

b) Zeichne im freien Feld rechts einen Darstellung, die die Zahlen geometrisch korrekt veranschaulicht.

3. Der Abteilungsleiter eines Unternehmens stellt dem Vorstand seine Bilanz vor: „Nachdem das Jahr 2010 für unsere Abteilung nicht ganz so gut gelaufen ist, ging es 2011 schon wieder steil bergauf." Was würdest du ihm als Vorstand bei der Betrachtung der beiden Diagramme entgegnen?

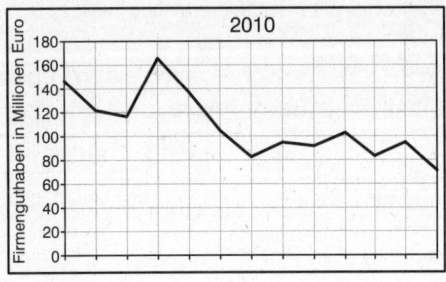
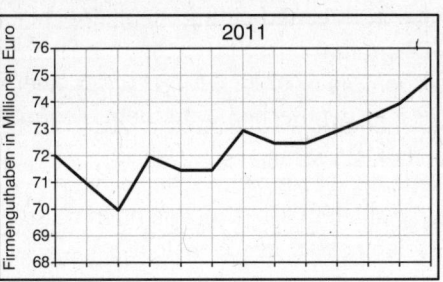

Antwort: _____

1. Abgebildet siehst du die Würfelnetze von drei speziellen, aber fairen Würfeln.

A	6

2	2	2	2

6

B	5

1	5	5	1

5

C	4

4	3	3	3

4

a) Luca, Leon und Pauline werfen jeder einen von den drei Würfeln und zählen dabei, wie oft welche Zahl fällt. Eine Person hat sich verzählt. Wer ist es? Begründe mit Hilfe der relativen Häufigkeiten.

Luca – Würfel A		
	2	6
Anzahl	101	48
relative Häufigkeit		

Leon – Würfel B		
	1	5
Anzahl	61	95
relative Häufigkeit		

Pauline – Würfel C		
	3	4
Anzahl	67	72
relative Häufigkeit		

Antwort: _____

b) Nun spielen die drei ein Spiel. Jeweils zwei von ihnen würfeln mit ihren Würfeln gegeneinander. Die höhere Zahl gewinnt. Sage voraus, wer in der jeweiligen Paarung die größeren Siegchancen besitzt, indem du die Tabellen ausfüllst. Setze immer dann ein Kreuz, wenn der erstgenannte Würfel gewinnt.

Würfel A gegen Würfel B					
	1	1	5	5	5	5
2	x	x				
2						
2						
2						
6						
6						

Würfel A gegen Würfel C					
	3	3	3	4	4	4
2						
2						
2						
2						
6						
6						

Würfel B gegen Würfel C					
	3	3	3	4	4	4
1						
1						
5						
5						
5						
5						

Antwort: _____

c) Bestimme nun die unten gesuchten Wahrscheinlichkeiten. Gib die Wahrscheinlichkeiten in Prozent an und runde auf ganze Zahlen.

p(A gewinnt gegen B) = _____   p(B gewinnt gegen C) = _____   p(C gewinnt gegen A) = _____

d) Stell dir vor, du würdest das Spiel spielen und dein Gegner überlässt dir die Entscheidung, wer zuerst seinen Würfel wählen darf: Wie würdest du dich entscheiden? Begründe.

Antwort: _____

2. Aus einem Skatspiel wurde 350-mal zufällig eine Karte gezogen. Kreuze die realistischen Aussagen an.

☐ 140-mal wurde ein Ass gezogen.   ☐ Es sind 173 rote Karten gezogen worden.

☐ In 24% der Fälle wurde Herz gezogen.   ☐ Insgesamt wurden 90 Neunen und Zehnen gezogen.

☐ Der Kreuz Bube wurde 23-mal gezogen.   ☐ Auf 164 Karten waren Personen abgebildet.

3. Beim Hütchenspiel wird eine Kugel unter einem von drei Bechern versteckt. Der Spieler setzt einen Einsatz von 5 €. Rät er den Becher, unter dem die Kugel liegt, richtig, so erhält er als Gewinn 10 €.

a) Bestimme die Gewinnwahrscheinlichkeit.   p(Gewinn) = _____

b) Ist das Spiel fair? Falls nein, wie hoch müsste der Gewinn sein, damit der Spieler bei einer großen Anzahl von Spielen keinen Verlust macht?

Antwort: _____

1. Das rechts abgebildete Glücksrad wird zweimal gedreht.

   a) Beschrifte das dazugehörige Baumdiagramm mit den entsprechen-
       den Wahrscheinlichkeiten.

   b) Bestimme die gesuchten Wahrscheinlichkeiten.

       p(zweimal weiß) = _____   p(weiß-schwarz) = _____

       p(kein weiß) = _____   p(gleiche Farben) = _____

       p(mindestens einmal schwarz) = _____

   c) Velia hat beide Male ein weißes Feld erdreht. Sie sagt: „Wenn ich
       noch einmal drehe, ist die Wahrscheinlichkeit für Schwarz sehr
       groß." Beurteile ihre Aussage.

       Antwort: _____

2. Frau Frisch hat Äpfel gesammelt. In ihrem Korb befinden sich fünf Äpfel, zwei davon sind verdorben. Als sie nach Hause kommt, entnimmt sie dem Korb nacheinander zufällig zwei Äpfel, um sie ihren beiden Kindern Kim und Fabio zu geben.

   a) Erstelle zu diesem Zufallsversuch ein Baumdiagramm.

   b) Wie groß ist die Wahrscheinlichkeit, dass weder Kim noch Fabio
       einen verdorbenen Apfel bekommen?

       Antwort: _____

   c) Berechne die Wahrscheinlichkeit, dass mindestens einer der beiden
       Äpfel faul ist.

       Antwort: _____

3. Beim Spiel „Mensch ärgere Dich nicht" hat der Spieler drei Versuche, eine Sechs zu würfeln, um eine Figur ins Spiel zu bringen. Erstelle ein Baumdiagramm und berechne die gesuchten Wahrscheinlichkeiten. (Hinweis: Unterteile das Diagramm nach „Sechs" und „keine Sechs".)

   p(Sechs im ersten Versuch) = _____

   p(Sechs im zweiten Versuch) = _____

   p(Sechs im dritten Versuch) = _____

   p(keine Sechs) = _____

4. In einer Schale liegen 24 Lutscher. Davon haben 12 Cola-, 8 Limo- und 4 Himbeergeschmack. Da sie gleich aus-sehen, muss man sie lutschen, um sie zu unterscheiden.

   a) Zeichne ein Baumdiagramm mit den zugehörigen
       Wahrscheinlichkeiten, wenn man zwei Lutscher
       aus der Schale nimmt.

   b) Wie groß ist die Wahrscheinlichkeit für genau
       einen Lutscher mit Limogeschmack?

       Antwort: _____

   c) Wie groß ist die Wahrscheinlichkeit für zwei
       verschiedene Geschmacksrichtungen?

       Antwort: _____

   d) Man gewinnt 3 Euro, wenn man bei einem zufällig gezogenen Lutscher Himbeer schmeckt, 1,20 Euro bei

       Limogeschmack und man verliert 1,80 Euro bei Colagenuss. Ist das Spiel fair? _____